学石材
铺挂安装技术
超简单

| 阳鸿钧　　阳育杰　　等编著

化学工业出版社

·北 京·

本书共分 6 章，主要讲述了石材基础与常识、各类石材相关性质、石材的设计与排版拼花、石材的铺贴施工安装、幕墙工程与干挂技能、施工验收与问题处理等内容。

　　本书涵盖了石材从基本性质到施工及质量验收全过程的内容，同时在讲解的过程中采用了大量实际工程案例图片，具有简明扼要、通俗易懂、图文并茂、适用性、实用性、针对性强的特点，是快速掌握建筑装饰石材与幕墙施工安装技能、知识的实用读本。

　　本书可供建筑装饰泥工、幕墙安装工、建筑装修石材安装人员以及社会青年、进城务工人员、相关院校师生、培训学校师生等阅读参考。

图书在版编目（CIP）数据

　　学石材铺挂安装技术超简单/阳鸿钧等编著. —北京：
化学工业出版社，2020.1
　　ISBN 978-7-122-35889-9

　　Ⅰ．①学…　Ⅱ．①阳…　Ⅲ．①砖石工　Ⅳ．①TU754

　　中国版本图书馆 CIP 数据核字（2019）第 297785 号

责任编辑：彭明兰　　　　　　　　　　　文字编辑：邹　宁
责任校对：王素芹　　　　　　　　　　　装帧设计：史利平

出版发行　化学工业出版社（北京市东城区青年湖南街 13 号　邮政编码 100011）
印　　装　大厂聚鑫印刷有限责任公司
880mm×1230mm　1/32　印张 8½　字数 206 千字
2020 年 4 月北京第 1 版第 1 次印刷

购书咨询：010-64518888　　　　　　售后服务：010-64518899
网　　址：http：//www.cip.com.cn
凡购买本书，如有缺损质量问题，本社销售中心负责调换。

定　　价：49.00 元

石材之所以在建筑、装饰工程中应用广泛，很大程度上是因为其具有优异的性能，特别是在室外建筑装饰工程、高档内装饰中，其表现出整洁、高端、大气、耐用的特点，是其他材料所无法比拟的。

石材根据需要可以制作成不同的产品，例如高档建筑中的幕墙石材、石亭子等，应用十分广泛。为了使读者朋友掌握与了解建筑装饰石材施工安装的技能与相关知识。我们以简明扼要、通俗易懂、图文并茂的形式组织编写了本书。本书适用性、实用性、针对性强，是帮助读者快速掌握建筑装饰石材施工安装技能与知识的实用性读本。

本书共6章，其中各章的内容如下。

第1章主要讲述了饰面石材的种类、石材常用术语与石材的命名编号、石材的选择与质量判断、与石材相关的辅助材料、常用材料的物理性能等内容。

第2章主要讲述了干挂饰面天然石材、石材马赛克、天然石材墙地砖、大理石、石材花钵（花盆）、石栏与石雕等各类石材的名称、规格、性能等有关知识。

第3章主要讲述了饰面石材的设计要求、石材的拼组与排版、石材在设计中的应用、石材电视背景墙的设计等内容。

第 4 章主要讲述了石材拼花的施工、地面石材的铺贴、路沿石材的施工安装、过门石的施工安装、石材马赛克的施工安装、石材装饰球的施工安装等内容。

第 5 章主要讲述了石材幕墙的类型、干挂石材安装孔加工尺寸与允许偏差、石材干挂的施工安装概述等内容。

第 6 章主要讲述了石材地面铺装、圆弧形石材门套施工问题处理，石材马赛克墙面的施工验收，幕墙石材板材正面的外观检查，室内干挂石材施工安装的允许偏差，室内干挂石材施工焊缝外观质量要求等内容。

本书具有以下特点。

1. 内容全面。内容包括石材的基本性质、具体石材的性能指标、石材的排版拼花、铺贴施工的要点和技巧、质量验收和问题处理等，涵盖了石材从施工到验收的全流程。

2. 实用性强。全书在讲解过程中，采用了大量实际工程图片，实物图与示意图相结合，使读者能直观地了解施工过程和要点。

3. 通俗易懂。对重要的施工流程，采用流程图的方法讲解，让读者能快速掌握施工要点。

4. 注重知识的拓展。书中以"一点通"的形式将一些有必要了解的知识和技巧进行补充说明，让读者更全面地掌握施工技能和相关知识。

本书由阳鸿钧、阳育杰、阳许倩、杨红艳、许秋菊、许四一、欧小宝、阳红珍、许满菊、许应菊、唐忠良、许小菊、阳梅开、阳苟妹、唐许静、欧凤祥、罗小伍、许鹏翔等人员参加编写或支持编写。本书还得到了其他人员的帮助，在此，向他们表示衷心的感谢！

　　另外，在本书的编写过程中，也参考了一些珍贵的资料、文献、互联网，在此，特向这些资料、文献、网站的作者深表谢意！

　　由于时间有限，书中难免有不足之处，敬请读者批评指正。

目录

第1章　石材基础与常识

第 4 章　石材的铺贴施工安装

部分参考文献

第1章

石材基础与常识

1.1 概述

1.1.1 石材简述

石材是具有一定块度、强度、稳定性,可加工、可做装饰的一种天然岩石,也就是说石材是指从岩浆岩、变质岩、沉积岩等天然岩石体中开采出来,未经加工或者经过加工、整形制成的块状、板状、柱状以及特定形状的石制品的总称。石材也是一种具有建筑、装饰双重功能的材料,石材图例如图 1-1 所示。

目前,石材作为一种高档建筑装饰材料广泛应用于室内外装饰设计、幕墙装饰、公共设施建设。石材在现代建筑、装饰中的一些应用如下。

(1)特定种类的岩石是生产石灰、石膏、水泥的原材料。

(2)散粒状石材可以用作混凝土、砂浆的骨料以及筑路材料。

(3)经精细加工后的石材制品,具有色泽莹润、美观奢华等特点,可以作为建筑装饰材料。

图 1-1　石材图例

（4）粗略加工后的石材，具有朴实自然、坚固稳定等特点，可以用作衬面材料、栏杆、纪念碑、台阶等。

（5）未加工的毛石可以用来砌筑基础、挡土墙、桥涵、护坡、堤岸、隧道衬砌等。

1.1.2　石材的分类及特点

石材的分类标准并不统一，常见的分类方法如下。

五大类分类法：建筑用饰面石材大致分为花岗石、大理石、砂岩、板石、洞石（人造石）五大类。

三大类分类法 1：建筑用饰面石材大致分为花岗石、大理石、板石三大类。图例如图 1-2 所示。

 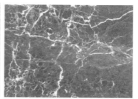

(a) 花岗石　　　　　　　　　　(b) 大理石

(c) 板石

图 1-2　石材的分类

三大类分类法 2：天然石、人造石、大理石。

两大类分类法 1：建筑用饰面石材大致分为花岗石、大理石两大类。

两大类分类法 2：建筑用饰面石材大致分为天然石、人造石两大类。

常见石材的特点见表 1-1。

表 1-1　常见石材的特点

名称	特　　点
板石	(1)板石属于经过轻微变质作用形成的浅变质岩的统称,其主要由云母、石英等组成。板石含有云母矿物板状构造,有近似平行的走向,可沿层理面劈开形成薄且坚硬的石板。 (2)板石的结构表现为片状、块状,颗粒粒度为 0.001～0.9mm。 (3)板石寿命一般在 100 年左右。 (4)板石也是一种沉积岩,其形成过程与砂石基本一样。 (5)板石沿板理面剥成片,可作装饰材料用。 (6)板石的颜色多以单色为主,颜色有绿灰色、褐红色、红色、绿色、灰色、黄色、青色、黑色、紫红色等。就装饰效果而言,给人以素雅大方之感。 (7)板石一般不再磨光,显出自然形态,形成自然美感。 (8)根据板石的成分,可以将板石分为三大类型:碳酸盐型板石、黏土型板石、炭质硅质板石。 (9)炭质硅质板石硅化程度较强,二氧化硅含量高,石质坚硬,颜色较深。 (10)碳酸盐型板石成分中二氧化硅含量小于 40%、氧化钙含量小于 15%、氧化镁含量小于 10%、氧化铝含量小于 10%、氧化铁含量为 3%～7%。 (11)黏土型板石成分主要是绢云母、伊利石、绿泥石、高岭土等黏土矿物,它们占板石矿物成分的 80%以上。 (12)砂石、板石的花纹色彩富有装饰性,常用于一些富有文化内涵的地方
彩色水磨石板	彩色水磨石板是以水泥、彩色粒石拌和,然后经成型、养护、研磨、抛光等工艺制成的一种石板

续表

名称	特　　点
大理石	（1）大理石能够被抛光,其组成与结构变化较大,是组成成分从纯碳酸盐到碳酸盐含量很低的一种岩石的统称。 （2）大理石大部分有花纹或脉纹,晶体颗粒大小从隐晶质到直径 5mm。 （3）大理石在商业上主要分为玛瑙条纹大理石、凝灰石大理石、蛇纹石大理石、方解石大理石、白云石大理石等。 （4）凝灰石大理石具有多孔渗水分层结构,含有一些方解石晶体的凝灰石。 （5）蛇纹石大理石主要由蛇纹石组成,颜色有绿色或深绿色,伴有白云石、方解石或菱镁矿等组成的脉纹。 （6）方解石大理石主要由方解石组成,因重结晶而形成特有的晶体结构。 （7）白云石大理石主要由白云石组成,经过变质期的高温高压形成晶体结构
花岗石	（1）花岗石是颗粒状火成岩,主要由石英、长石组成,伴有少量的黑色矿物,有些呈片麻岩或斑岩的结构。花岗岩是具有装饰性、成块性、可加工性的各类岩浆岩和以硅酸盐岩矿物为主的变质岩的统称。 （2）花岗石颜色从粉红到浅灰或深灰。 （3）花岗石颗粒纹理均匀,颗粒较为粗大,表面花纹分布较规则,硬度高。 （4）花岗石的结构通常为点状结构。 （5）花岗石的主要成分为二氧化硅,其含量为 65%～85%。 （6）花岗岩是岩浆岩中最坚固、最稳定、色彩最多的岩石。 （7）花岗岩体积密度为 2.63～2.8g/cm³,压缩强度为 100～300MPa。 （8）花岗石的化学性质呈弱酸性。 （9）花岗岩耐久性好、耐冻性强。 （10）花岗石的化学稳定性与二氧化硅的含量成正比,使用年限达 75～200 年。 （11）根据表面加工程度,花岗石分为细面板材、镜面板材、粗面板材

名称	特　点
花岗石	(12)粗面板材表面粗糙;镜面板材表面平整,具有镜面光泽;细面板材表面平整光滑。 (13)花岗石具有良好的装饰性能,适用于公共场所、室外的装饰。 (14)花岗石弹性模量大,并且高于铸铁。 (15)花岗石刚性好,内阻尼系数大,比钢钢大15倍。 (16)花岗石具有耐锯、切、磨光、钻孔、雕刻等优良的加工性能。 (17)花岗石热膨胀系数小,不易变形,与钢钢相仿,受温度影响小。 (18)花岗石的化学性质稳定,不易风化,能够耐酸、耐碱、耐腐蚀性气体的侵蚀。 (19)花岗石能够防震、减震。 (20)花岗石具有脆性,受损后只是局部脱落,不影响整体的平直性。 (21)花岗石耐磨性能好,比铸铁高5～10倍。 (22)花岗石具有不导电、不导磁的特点。 (23)花岗岩总体性能优于大理石及其他岩石
人造石材	人造石材一般是以水泥或树脂为胶黏剂,配以天然大理石、方解石、花岗石、白云石等无机矿物粉料,与适宜的稳定剂、颜色等经配料混合、浇注、振动、挤压、切割等制作而成
砂岩	(1)砂岩又称为砂粒岩。 (2)砂岩是由于地球的地壳运动,砂粒与胶结物经过长期巨大压力压缩黏结而形成的一种沉积岩。 (3)砂岩的主要成分为二氧化硅(含量在65％以上)、胶结物(包括碳酸钙等)。 (4)砂岩在装饰中显示出素雅、温馨的感觉。 (5)砂岩不能磨光,属亚光型石材,宜显露自然形态。 (6)砂岩的颗粒均匀、质地细腻、结构疏松、吸水率较高。 (7)砂岩具有耐风化、耐褪色、隔声、吸潮、抗破损、在水中不溶化、无放射性的优点。 (8)砂岩呈弱酸性。 (9)砂岩的硬度与其成因有必然联系。有的优质砂岩,硬度甚至超过花岗石。 (10)商业上,砂岩主要分为蓝灰砂岩、褐色砂岩、石英岩、正石英砂岩、砾石、粉砂岩。 (11)石英岩二氧化硅含量为95％以上,正石英二氧化硅含量为90％～95％,砂岩二氧化硅含量为60％～90％

续表

名称	特　　点
石材蜂窝板	石材蜂窝板是将天然石材切割成 5mm 厚的薄板,然后与铝蜂窝材料进行复合而成
石灰石	(1)石灰石是主要由碳酸钙或碳酸钙镁,或是两种矿物的混合物组成的一种沉积岩。 (2)商业上,石灰石分为白云岩、微晶石灰石、灰屑岩、壳灰岩、麵状灰岩、再结晶石灰石、凝灰石等。 (3)高密度石灰石,密度为 2.56g/cm³ 以上。 (4)中密度石灰石,密度为 2.16～2.56g/cm³。 (5)低密度石灰石,密度为 1.76～2.16g/cm³
微晶石	微晶石是在与花岗岩形成条件相似的高温状态下,通过特殊工艺烧结而成的一种石材
其他石材	其他石材包括一些特色石材,例如玛瑙、宝石、玉石、半宝石、水晶石等。其他石材有的被用作饰面石材,不过一般用量不大,起点缀作用

一点通

花岗石与大理石的区别如下。

(1) 石材硬度不同——大理石属于中硬石材,矿物颗粒多。花岗石属于硬石材,其岩质坚硬密实。也就是说,花岗石比大理石硬度更高,加工更难,更耐风化腐蚀。大理石易受大气作用而失去其表面光泽。

(2) 石材特性不同——大理石花纹丰富,色彩变化多。花岗石图案单一,一般为灰色或白色,没有明显的成形图案。

(3) 价格不同——大理石比花岗石价格往往要高一些,主要是花岗石图案单一,装饰性不强。

(4) 使用范围不同——大理石主要用于室内,花岗石主要用于室外。花岗石的放射性对人体的伤害较大理石更大。

1.1.3　石材饰面的种类及特点

根据不同的环境与要求，石材饰面的种类很多。常见石材饰面的特点见表 1-2。

表 1-2　常见石材饰面的特点

名称	特　　点	图　　例
机切面	（1）机切面是加工石材时，由切石器自然切出产生的表面效果。 （2）直接由圆盘锯、砂锯、切石机等设备切割成型的表面较粗糙，并且带有明显的机切纹路。 （3）机切面基本上不会产生反光，不能体现出石材本来的色泽与花纹	
拉沟面	拉沟面是在石材表面上开出一定的深度、宽度的沟槽	
荔枝面	（1）荔枝面是用如同荔枝皮的锤子在石材表面敲击而成的表面粗糙的饰面。 （2）荔枝面多用于雕刻品表面、广场石等	

名　称	特　　　点	图　　　例
龙眼面	龙眼面是用一字形锤在石材表面交错敲击成如同龙眼皮外表般粗糙的饰面	
磨光面	（1）磨光面是指表面平整，用树脂磨料等在表面进行抛光而使石材呈现镜面光泽的饰面。 （2）磨光面光滑度大，对光的反射强。 （3）磨光面能够充分展示石材本身丰富的颜色、天然纹理	
蘑菇面	（1）蘑菇面是指在石材表面用凿子、锤子敲击成如同起伏山形的一种饰面。 （2）蘑菇面一般为人工劈凿，效果与自然劈凿相似，但是石材的表面是呈四周凹陷中间凸起的形状	
自然面	（1）自然面是用锤子将一块石材从中间自然分裂开来，形成如同自然界石头表面凹凸不平效果的一种饰面。 （2）自然面装饰效果粗犷豪放。 （3）自然面常运用在小方块、路沿石等地	

名称	特 点	图 例
菠萝面	(1)菠萝面是在石材表面用凿子、锤子敲击成外观形如菠萝皮的一种饰面。 (2)菠萝面分为粗菠萝面、细菠萝面两种。 (3)菠萝面比荔枝面、龙眼面更加凹凸不平,装饰效果更粗犷	
仿古面	(1)仿古面既有火烧面的凹凸感,又摸起来光滑不会刺手。 (2)仿古面加工比较费时,价格比较贵	
火烧面	(1)火烧面是用以乙炔、氧气(或丙烷等)为燃料产生的高温火焰对石材表面加工形成的粗面饰面。 (2)火烧可以烧掉石材表面的一些杂质、熔点低的成分,从而在表面上形成粗糙的饰面。 (3)手摸粗糙的饰面会有一定的刺感	
喷砂面	(1)喷砂面是用普通河砂或金刚砂来代替高压水冲刷石材的表面,从而形成的有平整的磨砂效果的一种装面。 (2)喷砂后的石材表面颗粒细腻、无光泽、表面呈暗灰色。 (3)喷砂面体现不出石材本身的纹路、色泽	

续表

名　称	特　　点	图　　例
亚光面	（1）亚光面是指表面平整,用树脂磨料在表面进行较少的磨光处理形成的一种装饰面。 （2）亚光面表面平整光滑,属于反光度很低的板材面。 （3）亚光面反光度较磨光面低。 （4）亚光面具有一定的反光度,但对光的反射较弱	

1.1.4　天然石材

天然石材是从天然岩体中开采出来,经过加工形成的块状或板状材料的一种总称。天然饰面石材主要指天然石材中的镜面石材,也包括亚光石板、喷砂石板,以及饰面用的块石、板石、条石。

天然石材具有纹理清晰、自然朴实、有色差、价格昂贵等特点。

天然石材两大类分类法为花岗石、大理石。美国材料试验协会将天然饰面石材分为花岗石、石灰石、大理石、砂岩、板石及其他石材六大类,如图 1-3 所示。

图 1-3　天然石材的分类

天然石材的产品分类见表 1-3。

表 1-3　天然石材的产品分类

类型	细分		天然石材	用　　途
石材用品	陵墓用石		花岗石、大理石等	雕刻石、碑石、环境石等
	雕刻用石		大理石、花岗石等	各种手法雕刻品
	工艺用石		叶蜡石、滑石、蛇纹石等	工艺品雕刻
	生活用石		块石、条石、花岗石、大理石等	石材家具、日常用石等
	化学工业用石		块石、条石等	酸碱、废水、废油、电镀等
	工业原料用石		花岗石、大理石、海河砂等	玻璃、铸造、铸石、水泥原料等
	农业用石		大部分硬质石类	水利用石等
	轻工业用石		轻钙石、重钙石等	油漆、涂料填料、造纸等
建筑石材	建筑辅料用石		角石、碎石等	人造石材、混凝土原料等
			毛石、块石、整形石等	基础石、铺路石等
			河海石、碎石等	建筑混凝土用石
装饰石材	饰面石材	花岗石	板材、异型制品	各种异型制品与异型饰面的装饰
		大理石		
		砂岩		
		板石	平面板、凸面板等	盖瓦、墙面等
	文化石材	花岗石	毛石、板材、片石等	背景墙、铺路石、文化墙、假山等
		大理石		
		砂岩		
		板石	片状板石、异型石等	
		砾石	风化石、鹅卵石、冲击石等	

续表

类型	细分		天然石材		用　　途
装饰石材	文化石材	品石	抽象石	红河石、风砺石等	园林摆设、观赏等
				海蚀石、风蚀石等	公园、园林、街景构景等
			无象石	上水石等	
			象形石	大型象形山石等	风景、园林构景等
				鸟、花、草、木等化石	工艺品摆设等
				雨花石、钟乳石等	
			图案石	近似图案平面的板石等	背景墙、家具、屏风等
		宝石	宝石、玉石、彩石等		首饰、工艺雕刻等

天然石灰石、砂岩的物理性能见表 1-4。

表 1-4　天然石灰石、砂岩的物理性能

名称		说明	吸水率/%	体积密度/(g/cm³)	压缩强度/MPa	断裂模数(三点弯曲)/MPa	耐磨度/(1/cm³)
			≤	≥	≥	≥	≥
石灰石	Ⅰ	低密度	12	1.760	12	2.9	10
	Ⅱ	中密度	7.5	2.160	28	3.4	
	Ⅲ	高密度	3	2.560	55	6.9	

名称		说明	吸水率 /%	体积密度 /(g/cm³)	压缩强度 /MPa	断裂模数(三点弯曲) /MPa	耐磨度 /(1/cm³)
			≤	≥	≥	≥	≥
砂岩	I	二氧化硅含量在60%～90%	8	2.003	12.6	2.4	2
	II	二氧化硅含量在90%～95%	3	2.400	68.9	6.9	8
	III	二氧化硅含量在95%以上	1	2.560	137.9	13.9	8

天然石材质量要求如下。

（1）板石质量要符合《天然板石》（GB/T 18600—2009）等规定。

（2）大理石质量要符合《天然大理石建筑板材》（GB/T 19766—2016）等要求。

（3）干挂石材要符合《干挂饰面石材及其金属挂件　第1部分：干挂饰面石材》（JC 830.1—2005）等要求。

（4）花岗石质量要符合《天然花岗石建筑板材》（GB/T 18601—2009）等要求。放射性要符合《建筑材料放射性核素限量》（GB 6566—2010）等规定。

（5）石灰石、砂岩物理性能达到有关要求。

（6）异型石材质量要符合相关行业标准的要求。

1.1.5　人造石材

1.1.5.1　人造石材的分类及物质

　　人造石材是人造大理石、人造花岗石的总称，是一种人工合成的装饰材料、建筑材料。人造石材具有花纹图案美观、色彩鲜明光亮等特点。

　　根据所用黏结剂的不同，人造石材分为有机类（树脂）人造石材、无机（水泥）类人造石材、有机无机复合人造石材。其中，有机类（聚酯型）人造石材最为常用，包括人造花岗石、人造石英石、亚克力板材等。

　　市面上常见的人造石材的分类如图 1-4 所示。

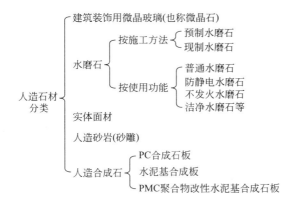

图 1-4　市面上常见的人造石材的分类

　　人造石所用的原材料主要有：骨料、装饰料、树脂、填料、色料、固化剂、促进剂等。

　　人造石英石以天然的石英石、玻璃为主要原料，其主要成分是二氧化硅。人造花岗石是以天然大理石为主要原料，其主要成分是碳酸钙。

人造石材所使用的树脂主要有不饱和聚酯树脂、甲基丙烯酸甲酯等。

决定人造石使用性能的因素主要有密度、抗折强度、抗压强度、莫氏硬度、耐酸性、光泽度、吸水率、线性热膨胀系数、耐磨度等。

密度——密度越大，则代表人造石分子结构越密实，说明人造石更稳定。

抗折强度、抗压强度——抗折强度、抗压强度越高，则代表人造石结构性能越好。

莫氏硬度——莫氏硬度越高，则代表人造石耐磨性越好。

耐酸性——耐酸性表示人造石的抗腐蚀性。

光泽度——光泽度是人造石表面反光程度的表现。

吸水率——吸水率是以石材气孔吸入的水分的质量占石材质量的百分比表示的，不同吸水率的石材有不同的使用性能。

PC 合成石板、PMC 聚合物改性水泥基合成石板、人造砂岩（砂雕）等的主要技术指标见表 1-5。

表 1-5　PC 合成石板、PMC 聚合物改性水泥基合成石板、
人造砂岩（砂雕）等的主要技术指标

性能指标	PMC 聚合物改性 水泥基合成石板	人造砂岩 （砂雕）	PC 合 成石板	水泥基 合成石板
抗弯强度/MPa	≥10	≥20	≥10	≥8
抗压强度/MPa	≥40	≥8	≥90	≥40
吸水率/%	≤6.0	≤0.2	≤0.4	≤6.0
密度/(g/cm³)	≥2.40	≥2.00	≥2.35	≥2.45

人造石优劣的判断方法如图 1-5 所示。

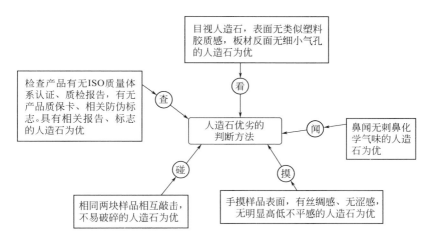

图 1-5　人造石优劣的判断方法

1.1.5.2　人造石材的质量与要求

（1）不发火水磨石制品用石粒要符合《建筑地面工程施工质量验收规范》（GB 50209—2010）等的要求。

（2）防静电水磨石的力学性能要符合《建筑水磨石制品》（JC/T 507—1993）等的规定，防静电性能要达到《防静电工作区技术要求》（GJB 3007A—2009）等的要求。

（3）防静电水磨石宜选用强度等级不低于 42.5 级的水泥。

（4）美术水磨石宜选用白水泥。

（5）实体面材要符合《实体面材》（JC 908—2002）等的规定。

（6）水磨石宜采用耐光、耐碱的矿物颜料，不得使用酸性颜料。

（7）现制水磨石地面宜选用白云石、大理石为石粒原料。石粒质量符合《建筑用卵石、碎石》（GB/T 14685—2010）等的要求。

（8）现制水磨石地面宜选用强度等级不低于 32.5 级的水泥，如图 1-6 所示。

（9）预制水磨石制品要符合《建筑水磨石制品》（JC/T 507—1993）等的规定。

图 1-6　水泥

1.1.6　复合石材

1.1.6.1　复合石材的定义及分类

复合石材是以超薄石材为饰面材料，与其他一种或一种以上材料使用结构胶黏剂黏合而成的一种新型装饰材料。

复合石材的分类如图 1-7 所示。

复合石材的特点如下。

复合石材
分类
{
┌ 陶瓷基石材复合板
│ 玻璃钢基石材复合板
│ 玻璃基石材复合板
│ 石材基石材复合板
│ 木基石材复合板
└ 金属基石材复合板，包括金属蜂窝石材复合板
}

图 1-7 复合石材的分类

陶瓷基石材复合板——以陶瓷墙地砖等为基材的一种复合石材。

玻璃钢基石材复合板——以玻璃钢为基材的一种复合石材。

玻璃基石材复合板——以玻璃为基材的一种复合石材。

石材基石材复合板——以石材、水泥等为基材的一种复合石材。

木基石材复合板——以木材为基材的一种复合石材。

金属基石材复合板——以金属为基材的一种复合石材。

1.1.6.2 复合石材的质量与要求

（1）复合石材的物理力学性能要符合相关规定。

（2）地面使用复合板时，宜采用陶瓷基复合板、石材基复合板，石材面板厚度不宜小于 5mm。

（3）以花岗石为面材的复合石材的加工质量、外观质量可参照《天然花岗石建筑板材》（GB/T 18601—2009）等标准。

（4）以大理石为面材的复合石材的加工质量、外观质量可参照《天然大理石建筑板材》（GB/T 19766—2016）等标准。

（5）超薄石材蜂窝板质量要符合以下要求。

① 表面无裂纹、无变形、无局部缺陷、无层间开裂等现象。

② 同一批产品的颜色、花纹基本一致。

③ 背板表面根据耐久设计年限进行防腐处理、防护处理。

④ 超薄石材蜂窝板用于幕墙时，总厚度不宜小于20mm。

⑤ 地面用超薄石材蜂窝板面板厚度不宜小于5mm。

⑥ 吊顶用超薄石材蜂窝板面板厚度不宜大于3mm。

⑦ 背板为镀铝合金板的超薄石材蜂窝板的主要性能要符合表1-6的规定。

表1-6 背板为镀铝合金板的超薄石材蜂窝板的主要性能

性能	单位	指标	性能	单位	指标
面密度	kg/m²	≤16.2	温度稳定性	120个循环	表面及黏合层无异常
弯曲强度	MPa	≥17.9	防火级别	级	B1
压缩强度	MPa	≥1.31	抗疲劳性	1×10⁶ 次	无破坏
剪切强度	MPa	≥0.67	抗冲击性	10 次	无破坏
黏结强度	MPa	≥1.23	平均隔声量	dB	32
螺栓拉拔力	kN	≥3.2	热阻	(m²·K)/W	1.527

⑧ 背板为镀铝锌钢板的超薄石材蜂窝板的主要性能要符合表1-7的规定。

表1-7 背板为镀铝锌钢板超薄石材蜂窝板的主要性能

性能	单位	指标	性能	单位	指标
面密度	kg/m²	≤19.0	弯曲强度	MPa	≥32.4

性能	单位	指标	性能	单位	指标
压缩强度	MPa	≥1.37	温度稳定性	120 个循环	表面及黏合层无异常
剪切强度	MPa	≥0.68			
黏结强度	MPa	≥2.56	抗疲劳性	$1×10^6$ 次	无破坏
螺栓拉拔力	kN	≥3.5	抗冲击性	10 次	无破坏
防火级别	级	B1			

1.1.7　室内装饰石材

室内装饰石材就是室内建筑装饰用的石材，其与建筑石材的区别主要体现在其装饰性。

室内装饰石材具有外在美学装饰性、可工业化开采、符合建筑与装修装饰的要求等特点。

室内装饰石材的种类见表 1-8。

表 1-8　室内装饰石材的种类

名称	解　说
电器用石材	包括各种不同规格的绝缘板、开关板、灯座、石灯等
环境美化石材	包括路沿石、台阶石、花盆石、石凳、石桌等
铺地石材	有天然石材成品、半成品、荒料块石等
墙体石材	主要用在建筑群体的内外墙，具有不同规格
生活用石材	包括石材家具、卫生间台板、桌面板等

续表

名称	解　说
饰面石材	主要为各种颜色、花纹图案、不同规格的天然花岗石、大理石、板石、人造石材等
艺术石材	包括楼宇大厅、会议室、走廊、展示厅等用石雕、艺雕制品等
装饰石材	包括壁画、镶嵌画、图案石、文化石等

石材地面的防滑指标见表 1-9。

表 1-9　石材地面的防滑指标

防滑等级	0 级	1 级	2 级	3 级	4 级
抗滑值	$F_B<25$	$25{\leqslant}F_B<35$	$35{\leqslant}F_B<45$	$45{\leqslant}F_B<55$	$F_B{\geqslant}55$
摩擦系数	≥0.5	≥0.5	≥0.5	≥0.5	≥0.5

1.1.8　石材线条

石材线条，也叫做石材花线、线条、花线等。天然石材线条就是天然石材制作而成，主要起装饰作用的一类装饰材料。其中，异型石材线条是不同于平板类石材线条的需要进行外形加工的一种石材线条。

石材线条主要用作为扶手、台面、屋檐、门框、窗框、建筑物转角、腰线、踢脚线等的边缘，以遮掩视觉效果不好的部位，或者起修饰美化、保护的作用。

石材线条分为天然石材线条、人造石线条。天然石材线条的种类见表 1-10。

表 1-10　天然石材线条的种类

分类依据	种　类
表面加工方式	镜面线条、细面花线条、粗面花线条等
加工石种	砂岩线条、石灰岩线条、花岗石花线条、大理石花线条、人造石花线条、微晶石线条、其他石材线条等。石灰岩线条容易被风化腐蚀,质地也软,因此,石灰岩线条用得比较少。板岩不适合加工成线条
截面图	直位花线、弯位花线等

1.2　石材常用术语与石材的命名编号

1.2.1　石材常用术语

石材常用术语见表 1-11。

表 1-11　石材常用术语

名称	解　说
菠萝面石材	菠萝面比荔枝面更加凹凸不平,就像菠萝的表皮一般
薄板	薄板就是厚度小于 15mm 的板材
窗套	窗套就是安装在窗口处形成窗拱的线条
锤击板材	锤击板材就是用花锤加工成的粗面板材
粗面板材	粗面板材就是表面较规则、平整、粗糙的有加工痕迹的板
粗磨	粗磨是将石材表面简单磨光,把毛板切割过程中形成的机切纹磨没即可
雕刻板	雕刻板就是石材表面被刻有多种图案的板材

名称	解　说
端面角	从线条的端面以某个角度沿线条的厚度方向,从端面端点出发沿长度方向将某个部分切去,称切端面角
多色柱	多色柱就是由多种石材黏结加工成的柱
剁斧	剁斧就是用斧剁敲在石材表面上,形成非常密集的条状纹理
剁斧板材	剁斧板材就是用斧头加工成的一种粗面板材
仿古石	仿古石是用石材研磨刷打出来的亚光面板材
纺锤体柱	纺锤体柱就是外形如纺锤的一种柱
扶手线	扶手线就是用作扶手的线条
复合直位花线	复合直位花线就是截面形状为多个圆弧或台阶组成的一种直位花线
光身柱	光身柱就是柱表面未经其他加工的一种柱
厚板	厚板就是厚度大于 15mm 的板材
荒料	荒料就是由毛料经加工而成的,具有六面规整面,用于加工饰面石材的石料
火烧板材	火烧板材就是用乙炔、氧气或丙烷、石油液化气为燃料产生的火焰加工成的一种粗面饰面板材
火烧加水冲板材	火烧加水冲板材就是先用火烧,再用水冲击加工的板材
机刨板材	机刨板材就是用机刨方法加工成的粗面板材
机切	机切就是直接由圆盘锯、砂锯或桥切机等设备切割成型,机切石具有表面较粗糙,带有明显的机切纹路等特点
建筑石材	建筑石材就是具有一定的物理、化学性能,可用作建筑材料的一种岩石
脚线	脚线就是安装在齐地处的花线
镜面板材	镜面板材就是表面平整,具有镜面光泽的板材

名称	解　说
开槽	开槽就是在板上开一定深度、宽度的凹坑
拉手	拉手就是安装在门上,起推拉门作用的一种小圆柱体
栏杆线	栏杆线就是用作栏杆装饰的线条
荔枝面板材	荔枝面表面粗糙,凹凸不平,形如荔枝皮的锤在表面敲击而成的一种板材
料石	料石就是用毛料加工而成的具有一定规格,用于建筑的石材。根据表面加工的平整程度,料石分为毛料石、粗料石、半细料石、细料石
龙眼面板材	龙眼面板材就是用一字形锤在石材表面交错敲击成形如龙眼皮的一种板材
楼梯踏步板	楼梯踏步板就是装修中用作楼梯踏步的板材
乱毛石	形状不规则的毛石称为乱毛石
罗马柱	罗马柱就是柱表面有罗马槽的一种柱
盲人石	盲人石就是表面呈凹凸条纹,安装在盲道上的板材
毛板	毛板为具有一定厚度,表面未经任何处理的板材
毛料	毛料就是由矿山直接分离下来,形状不规则的石料
毛石	毛石就是指岩石经爆破后所得形状不规则的石块
梅花柱	梅花柱就是横截面形状为梅花瓣形的一种柱
门套线	门套线就是安装在门口处形成门拱的一种线条
磨边	磨边就是将板材的一条边或几条边磨成几何形状的石材加工工艺
磨边板材	磨边板材就是将板的一条边磨成几何形状的板材
蘑菇面板材	蘑菇面板材就是表面用凿子、锤子锤击成形如起伏山形的一种板材
纽纹柱	纽纹柱就是外形为螺纹的柱

名称	解　说
抛光	抛光就是将石材表面处理得非常平滑,高度磨光,抛光石材具有有镜面效果、高光泽的特点
喷砂板	喷砂板就是用金刚砂做辅助材料,在一定压力下将石材表面喷成毛面的一种板材
撇底角	撇底角就是将线条底部的某部分切除
撇面角	撇面角就是从线条的端面正面的某个位置以某个角度沿线条厚度方向将正面的某部分切去
平毛石	有两个大致平行面的毛石称为平毛石
平面异型角	平面异型角就是各种几何图形的板材加工异型板时,被切除的相邻边所形成的角度
平面直位花线	平面直位花线就是装饰面为平面的直位花线
普通型板材	普通型板材就是正方形或长方形的板材
切断加工	切断加工就是用切机将毛板或抛光板根据所需规格尺寸进行定形切割加工
石板	石板就是用致密的岩石凿平或锯解而成的石材
饰面板材	饰面板材就是用饰面板材加工成的板材,用作建筑物的内外墙面、地面、柱面、台面等
饰面石材	饰面石材就是用来加工饰面板材的石材
水冲板材	水冲板材就是用水冲击加工的板材
酸洗	酸洗就是用强酸腐蚀石材表面,使其有小的腐蚀痕迹,酸洗石材外观比磨光面更为质朴
台阶直位花线	台阶直位花线就是装饰面为台阶的直位花线
台面板	台面板就是装修中用作台面的板
天花线	天花线就是安装在齐天棚位置处的花线
椭圆形柱	椭圆形柱就是横截面形状为椭圆的柱

名称	解　说
弯位线条	弯位线条就是延伸轨迹为曲线的花线
屋檐线	屋檐线就是安装在屋檐处的线条
细面板材	细面板材就是表面平整光滑的板材
旋转楼梯的螺旋升角	旋转楼梯的螺旋升角就是旋转楼梯的螺旋角度
鸭嘴边	鸭嘴边就是形似鸭嘴的边
亚光板材	亚光板材是表面平整光滑细腻,光度很低的一种板材
阳角	阳角就是两件板或两件线条切角安装后形成凸角
腰线	腰线就是安装在墙面大致齐腰处的花线
异型板材	异型板材是善型板和圆弧板等以外的异常形状的石板材。善型板以正方形、长方形形状的板材居多,异型板材以非善型、非常规型板材为主
阴角	阴角就是两件板或两件线条切角安装后形成凹角
圆弧板	圆弧板就是具有一定半径与弧长的弯板
圆弧角	圆弧角就是圆弧侧面与弦长所成的夹角
圆弧直位花线	圆弧直位花线就是截面形状为圆弧的直位花线
圆柱	圆柱就是柱截面为圆形的柱
直位线条	直位线条就是延伸轨迹为直线的花线
柱头	柱头就是安装在柱身最上部的部分
柱腰	柱腰就是安装在柱身大致齐腰位置的部分
柱座	柱座就是安装在柱身最底部的部分
转角	转角就是连接不同立面的角度
转角线	转角线就是用于墙面拐角位置的一种线
装饰石材	装饰石材就是具有装饰性能的建筑石材

名称	解　说
锥形柱	锥形柱就是柱表面上的素线延长相交于一点的柱
自然面板材	自然面板材就是表面用錾子或锤子敲击成自然表面的板材

1.2.2　石材的命名与编号

1.2.2.1　石材的命名

石材的命名方法见表 1-12。

表 1-12　石材的命名方法

名　　称	举　例
地名＋颜色	莱阳绿、天山蓝、印度红等
动植物名＋颜色	孔雀绿、芝麻白、菊花红等
人名(官职)＋颜色	贵妃红、关羽红、将军红等
形象＋颜色	松香红、琥珀红、黄金玉等
形象命名	木纹、浪花、雪花、碧波、虎皮等

1.2.2.2　石材的编号

天然石材的编号规则如图 1-8 所示。

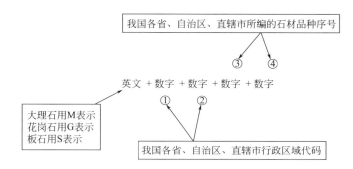

图 1-8　天然石材的编号规则

1.3　石材的选择与质量判断

1.3.1　石材的选择

石材的选择方法与要点如下。

（1）质地疏松、孔隙大、吸水率高、裂纹多，色彩艳丽的石材，不能用于室外。

（2）质地密实、孔隙小、无裂纹、浅色调的大理石，可以谨慎地应用于室外。

（3）花岗石具有良好的耐酸碱性、耐候性。市场上某些呈绿色、粉色的品种存在褪色现象。白色与浅色的花岗石氧化铁含量过高，湿贴条件下与潮湿环境中使用，需要采取一定的防护措施。

1.3.2　石材质量的判断

石材质量的判断见表1-13。

表 1-13　石材质量的判断

项　目	优质的石材	质次的石材
表面的花纹、色调	优质石材的表面花纹色泽美观大方,有极佳的装饰效果	质次的石材经过加工后表面花纹色泽不美观,不能给人美的享受
规格尺寸的偏差	为了保证装饰面平整、接缝整齐,有关标准规定了板材的长度偏差、宽度偏差、厚度偏差,还规定了板材表面平整度的极限公差、板材正面角度的极限公差、板材侧面角度的极限公差等参数。如果这些参数没有超出有关标准规定的范围,则说明该石材属于合格品	为了保证装饰面平整、接缝整齐,有关标准规定了板材的长度偏差、宽度偏差、厚度偏差,还规定了板材表面平整度的极限公差、板材正面角度的极限公差、板材侧面角度的极限公差等参数。如果这些参数超出了有关标准规定的范围,则说明该石材属于不合格品
加工后板材的外观质量	天然石材加工过程中会在石材表面外观上留下凹陷、色斑、裂纹等缺陷,如果这些外观缺陷没有超出有关标准规定的范围,则说明该石材属于合格品	天然石材加工过程中会在石材表面外观上留下凹陷、色斑、裂纹等缺陷,如果这些外观缺陷超出了有关标准规定的范围,则说明该石材为不合格品

1.4　与石材相关的辅助材料

1.4.1　石材防水背胶

石材防水背胶具有良好的防水抗渗性能、有韧性，具有持久粘贴、与水泥基材料黏结力强等特点。使用石材防水背胶避免了石材湿贴施工后易起壳、脱落、表面产生白华等异常情况。

石材防水背胶可以用于湿贴施工的石材、粘贴大规格墙地砖，以提高粘贴面的黏结强度与防水性能。另外，还可以用于粘贴大理石的增强背网，从而使背网层不需铲除即可提高粘贴强度。

石材的防水背胶如图 1-9 所示。

图 1-9　石材的防水背胶

1.4.2　石材用建筑密封胶

建筑工程中的天然石材接缝可以用弹性密封胶来嵌填。

石材用建筑密封胶，根据使用的聚合物分为硅酮（聚硅氧烷）密封胶（SR）、改性硅酮密封胶（MS）、聚氨酯密封胶（PU）等种类。根据组分分为单组分型（1）、双组分型（2）。

石材用建筑密封胶如图 1-10 所示。

图 1-10　　石材用建筑密封胶

石材用建筑密封胶主要用于石材接缝的密封，以便保证石材接缝的密封防水效果与黏结效果。

石材用建筑密封胶根据位移能力分为 12.5、20、25、50级别，具体特点见表 1-14。根据拉伸模量，20、25、50 级密封胶又可分为低模量次级别密封胶（LM）、高模量次级别密封胶（HM）。

表 1-14　石材用建筑密封胶的特点

级别	位移能力/%	试验拉压幅度/%
12.5	12.5	±12.5
20	20	±20
25	25	±25
50	50	±50

石材用建筑密封胶的标志含义如图 1-11 所示。

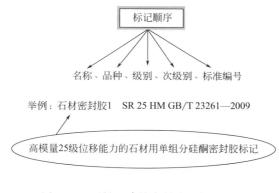

图 1-11　石材用建筑密封胶的标志含义

判断石材用建筑密封胶好坏的方法如下。

（1）正常的密封胶应为细腻、均匀的膏状物或黏稠体，不应有结块、气泡、结皮、凝胶，无不易分散的析出物。双组分密封胶的各组分的颜色应有明显差异。

（2）正常的密封胶包装上应有牢固的不褪色标志，内容包括：产品名称（含组分名称）、产品标记、生产日期、批号、贮存期、净含量、生产厂家、厂址、商标、使用说明、注意事项等。

（3）正常的密封胶有采用支装或桶装的，包装容器均应密闭，并且包装桶、包装箱除应印有相关规定的标志外，还应有防潮、防日晒、防雨、防撞击标志。

（4）正常密封胶的物理力学性能需要符合表 1-15 的规定。

幕墙硅酮耐候密封胶的性能参考要求见表 1-16。

表 1-15 密封胶的物理力学性能

项 目		技术指标						
		50LM	50HM	25LM	25HM	20LM	20HM	12.5E
拉伸模量 /MPa	＋23℃	≤0.4 和	>0.4 或	≤0.4 和	>0.4 或	≤0.4 和	>0.4 或	—
	—20℃	≤0.6	>0.6	≤0.6	>0.6	≤0.6	>0.6	—
定伸黏结性		无破坏						
冷拉热压后黏结性		无破坏						
浸水后定伸黏结性		无破坏						
质量损失/%≤		5.0						
污染性 /mm	污染宽度≤	2.0						
	污染深度≤	2.0						
下垂度 /mm	垂直≤	3						
	水平	无变形						
表干时间/h≤		3						
挤出性/(mL/min)≥		80						
弹性恢复率/%≥		80						40

表 1-16 幕墙硅酮耐候密封胶的性能参考要求

项 目	性 能	
	金属幕墙用	石材幕墙用
表干时间/h	1～1.5	
完全固化时间/d	7～14	

项　目	性　能	
	金属幕墙用	石材幕墙用
施工温度/℃	5～48	
污染性	无污染	
固化后的变位承受能力	$25\% \leqslant \delta \leqslant 50\%$	$\geqslant 50\%$
有效期	9～12 个月	
初期固化时间($\geqslant 25$℃)/d	3	4
断裂延伸率	—	$\geqslant 300\%$
极限拉伸强度/MPa	0.11～0.44	$\geqslant 1.79$
流淌性/mm	无流淌	$\leqslant 1.0$
邵氏硬度/度	20～30	15～25
撕裂强度/(N/mm)	3.8	—

幕墙结构硅酮密封胶的性能参考要求见表 1-17。

表 1-17　幕墙结构硅酮密封胶的性能参考要求

项　目	性能要求	
	中性双组分	中性单组分
有效期	9 个月	9～12 个月
施工温度/℃	10～30	5～48
黏结拉伸强度(H 形试件)/(N/mm²)	$\geqslant 0.7$	
内聚力破坏力(母材)/%	100	
表干时间/h	$\leqslant 3$	
剥离强度(与铝、玻璃、石材)/(N/mm)	5.6～8.7(单组分)	

续表

项　　目	性能要求	
	中性双组分	中性单组分
操作时间/min	≤30	
初步固化时间(25℃)/d	7	
抗臭氧及紫外线拉伸强度	不变	
冷变形	不明显	
流淌性/mm	≤2.5	
耐热性/℃	150	
热失重/%	≤10	
邵氏硬度/度	35～45	
使用温度/℃	−48～88	
撕裂强度/(N/mm)	4.7	
外观	无龟裂、无变色	
完全固化后的变位承受能力/%	$12.5 \leqslant \delta \leqslant 50$	
完全固化时间/d	14～21	
污染和变色	无污染、无变色	
延伸率/%	≥100	
黏结破坏	不允许	

密封材料的使用要求如下。

（1）硅酮结构密封胶、硅酮建筑密封胶使用前应进行与其相接触的有机材料的相容性试验、与被黏结材料的剥离黏结性试验等。

（2）硅酮结构密封胶要符合《建筑用硅酮结构密封胶》（GB 16776—2005）等规定。

（3）硅酮结构密封胶应有结构密封胶的变位承受能力数据、质量保证书。

（4）结构密封胶、建筑密封胶必须在有效期内使用。

（5）石材幕墙接缝用密封胶要符合《建筑幕墙用硅酮结构密封胶》（JG/T 475—2015）等规定。

（6）石材幕墙所采用的结构密封胶（结构胶）、建筑密封胶（耐候胶）、云石胶、防火密封胶等均要符合有关标准规定要求。

（7）同一工程石材幕墙要采用同一批号的密封胶。

（8）与石材接触的结构密封胶、建筑密封胶不应对石材造成污染。

1.4.3　饰面石材用胶黏剂

1.4.3.1　概述

饰面石材用胶黏剂的类型、代码与定义如图 1-12 所示。

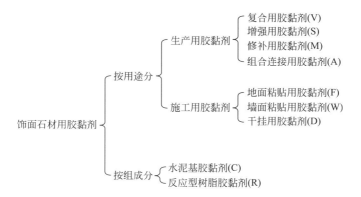

图 1-12　饰面石材用胶黏剂的类型、代码与定义

1.4.3.2 胶黏剂性能要求

水泥基胶黏剂粘贴地面石材、墙面石材时的技术要求分别见表 1-18、表 1-19。

表 1-18　水泥基胶黏剂粘贴地面石材时的技术要求

项　　目	指标/MPa
冻融循环后的拉伸胶黏强度	≥0.5
浸水后的拉伸胶黏强度	≥0.5
拉伸胶黏原强度	≥0.5
拉伸胶黏强度（晾置时间 20min）	≥0.5
热老化后的拉伸胶黏强度	≥0.5

表 1-19　水泥基胶黏剂粘贴墙面石材时的技术要求

项　　目	指标/MPa
冻融循环后的拉伸胶黏强度	≥1.0
拉伸胶黏强度（晾置时间 30min）	≥1.0
浸水后的拉伸胶黏强度	≥1.0
拉伸胶黏原强度	≥1.0
热老化后的拉伸胶黏强度	≥1.0

反应型树脂胶黏剂粘贴石材时的技术要求见表 1-20。膏状乳液胶黏剂粘贴石材时的技术要求见表 1-21。

表 1-20　反应型树脂胶黏剂粘贴石材时的技术要求

项　目	指标/MPa
高低温交变循环后的压缩剪切胶黏强度	≥2.0
浸水后的压缩剪切胶黏强度	≥2.0
拉伸胶黏强度（晾置时间 20min）	≥2.0
热老化后的压缩剪切胶黏强度	≥2.0
压缩剪切胶黏原强度	≥2.0

表 1-21　膏状乳液胶黏剂粘贴石材时的技术要求

项　目	指标/MPa
高温下的压缩剪切胶黏强度	≥1.0
拉伸胶黏强度（晾置时间 30min）	≥1.0
浸水后的压缩剪切胶黏强度	≥1.0
热老化后的压缩剪切胶黏强度	≥1.0
压缩剪切胶黏原强度	≥1.0

1.4.3.3　胶黏剂的选择

根据石材品种、基材性能的不同，正确选用胶黏剂的原则如下。

（1）不宜采用传统水泥砂浆作为黏结材料的工程，可选用胶黏剂。

（2）浅色石材和薄形石材宜选用白色胶黏剂。

（3）根据石材吸湿变形性能选择胶黏剂。

（4）胶黏剂的可变形能力应与基底的可能变形能力相匹

配。在室内水泥基层上贴石材，可选用水泥基胶黏剂；在金属甲板或幕墙上粘贴石材则应使用反应型聚氨酯胶黏剂；在高精度干式隔墙板系统上宜使用薄层的膏状乳液胶黏剂。

（5）温度高、湿度低的场所（如室外）宜选用有加长晾置时间的胶黏剂。

1.4.4 填缝材料

1.4.4.1 填缝剂的分类与性能要求

填缝剂分为 CG 类水泥基填缝剂、RG 类反应型树脂填缝剂。各类填缝剂性能要求见表 1-22。增强型填缝剂 RG2 的技术要求见表 1-23。

表 1-22 各类填缝剂性能要求

水泥基填缝剂	性 能	要 求
普通型填缝剂 CG1	耐磨损性	$\leqslant 2000\,\mathrm{mm}^3$
	标准条件养护下 28d 抗折强度	$\geqslant 2.5\,\mathrm{N/mm}^2$
	冻融循环后的抗折强度	$\geqslant 2.5\,\mathrm{N/mm}^2$
	标准条件养护下 28d 抗压强度	$\geqslant 15\,\mathrm{N/mm}^2$
	冻融循环后的抗压强度	$\geqslant 15\,\mathrm{N/mm}^2$
	28d 线性收缩值	$\leqslant 3\,\mathrm{mm/m}$
	30min 吸水量	$\leqslant 5.0\,\mathrm{g}$
	240min 吸水量	$\leqslant 10.0\,\mathrm{g}$
快硬性水泥基填缝剂 CG1F	标准条件养护下 24h 抗压强度 F	$\geqslant 15\,\mathrm{N/mm}^2$
	其他要求与对 CG1 的相同	

续表

水泥基填缝剂	性　　能	要　　求
附加性能:增强型填缝剂 CG2	耐磨损性	≤1000mm³
	30min 吸水量	≤2.0g
	240min 吸水量	≤5.0g

表 1-23　增强型填缝剂 RG2 的技术要求

项　　目	技术要求	项　　目	技术要求
耐磨损性	≤250mm³	标准条件养护下 28d 抗折强度	≥30N/mm²
标准条件养护下 28d 抗压强度	≥45N/mm²	28d 线性收缩值	≤1.5mm/m
240min 吸水量	≤0.1 g		

1.4.4.2　选用填缝材料的注意事项

（1）接缝宽度不宜小于 1.5mm。

（2）所选用的填缝材料应容易清理干净，不致污染石材并不影响美观。

（3）伸缩缝选用填缝材料时，应符合有关要求。

1.4.5　建筑用卵石、碎石

1.4.5.1　建筑用卵石、碎石的常用概念

建筑用卵石、碎石的常用概念见表 1-24。

表 1-24 建筑用卵石、碎石的常用概念

名　称	定　义
卵石	由自然风化、水流搬运和分选、堆积形成的、粒径大于 4.75mm 的岩石颗粒
碎石	天然岩石或卵石经机械破碎、筛分制成的，粒径大于 4.75mm 的岩石颗粒
含泥量	卵石、碎石中粒径小于 $75\mu m$ 的颗粒含量
针状颗粒	卵石、碎石颗粒的长度大于该颗粒所属相应粒级的平均粒径约 2.4 倍者为针状颗粒
片状颗粒	卵石、碎石颗粒厚度小于平均粒径约 40% 者为片状颗粒（平均粒径指该粒级上、下限粒径的平均值）
泥块含量	卵石、碎石中原粒径大于 4.75mm，经水浸洗、手捏后小于 2.36mm 的颗粒含量
碱集料反应	指水泥、外加剂等混凝土构成物及环境中的碱与集料中碱活性矿物在潮湿环境下缓慢发生并导致混凝土开裂破坏的膨胀反应
坚固性	卵石、碎石在自然风化和其他外界物理化学因素作用下抵抗破裂的能力

1.4.5.2　建筑用卵石、碎石的分类、规格、分级、用途

建筑用卵石、碎石的分类、规格、分级、用途如图 1-13 所示。建筑用卵石、碎石实例如图 1-14 所示。

1.4.5.3　建筑用卵石、碎石的有关要求

建筑用卵石和碎石的颗粒级配要求见表 1-25。

建筑用卵石、碎石的分类、规格、分级、用途
- 分类
  - 卵石
  - 碎石
- 规格
  - 按卵石、碎石粒径尺寸分为单粒粒级、连续粒级
  - 根据需要采用不同单粒粒级卵石、碎石混合成特殊粒级的卵石、碎石
- 分级—按卵石、碎石技术要求分为Ⅰ类、Ⅱ类、Ⅲ类
- 用途
  - Ⅰ类宜用于强度等级大于C60的混凝土
  - Ⅱ类宜用于强度等级C30～C60及抗冻、抗渗或其他要求的混凝土
  - Ⅲ类宜用于强度等级小于C30的混凝土

图 1-13　建筑用卵石、碎石的分类、规格、分级、用途

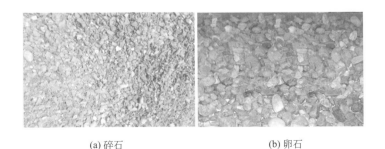

(a) 碎石　　　　　　　　(b) 卵石

图 1-14　建筑用卵石、碎石实例

建筑用卵石、碎石含泥量和泥块含量的要求见表 1-26。
建筑用卵石和碎石的针片状颗粒含量要求见表 1-27。

表 1-25 建筑用卵石和碎石的颗粒级配要求

	累计筛余/%　方筛孔/mm 公称粒径/mm	2.36	4.75	9.50	16.0	19.0	26.5	31.5	37.5	53.0	63.0	75.0	90
连续粒级	5~10	95~100	80~100	0~15	0								
	5~16	95~100	85~100	30~60	0~10								
	5~20	95~100	90~100	40~80	—	0~10	0						
	5~25	95~100	90~100	—	30~70	—	0~5	0					
	5~31.5	95~100	90~100	70~90	—	15~45	—	0~5	0				
	5~40	—	95~100	70~90	—	30~65	—	—	0~5	0			
单粒粒级	10~20		95~100	85~100	—	0~15	0						
	16~31.5		95~100	85~100	—	—	—	0~10	0				
	20~40			95~100	80~100	—	—	—	0~10	0			
	31.5~63				95~100	—	—	75~100	45~75	—	0~10	0	
	40~80					95~100	—	—	70~100	—	30~60	0~10	0

表 1-26　建筑用卵石、碎石含泥量和泥块含量的要求

项　　目	指　标		
	Ⅰ 类	Ⅱ 类	Ⅲ 类
含泥量(按质量计)/%	<0.5	<1.0	<1.5
泥块含量(按质量计)/%	0	<0.5	<0.7

表 1-27　卵石和碎石的针片状颗粒含量要求

项　　目	指　标		
	Ⅰ 类	Ⅱ 类	Ⅲ 类
针片状颗粒(按质量计)/%	<5	<15	<25

1.5　其他基础知识

1.5.1　常用材料的物理性能

1.5.1.1　铝合金型材的强度设计值

铝合金型材的强度设计值见表 1-28。

表 1-28　铝合金型材的强度设计值

铝合金牌号	状态	厚度/mm	强度设计值/(N/mm²)		
			抗拉、抗压	抗剪	局部承压
6061	T4	不区分	85.5	49.6	133.0
	T6	不区分	190.5	110.5	199.0

续表

铝合金牌号	状态	厚度/mm	强度设计值/(N/mm²)		
			抗拉、抗压	抗剪	局部承压
6063	T5	不区分	85.5	49.6	120.0
	T6	不区分	140.0	81.2	161.0
6063A	T5	≤10	124.4	72.2	150.0
	T6	≤10	147.7	85.7	172.0

1.5.1.2 钢材的强度设计值（热轧钢材）

钢材的强度设计值（热轧钢材）见表1-29。

表 1-29 钢材的强度设计值（热轧钢材）

单位：N/mm²

钢材牌号	厚度或直径 d/mm	抗拉、抗压、抗弯	抗剪	端面承压
Q235	$d \leqslant 16$	215	125	325
Q345	$d \leqslant 16$	310	180	400

1.5.1.3 钢材的强度设计值（冷弯薄壁型钢）

钢材的强度设计值（冷弯薄壁型钢）见表1-30。

表 1-30 钢材的强度设计值（冷弯薄壁型钢）

单位：N/mm²

钢材牌号	抗拉、抗压、抗弯	抗剪	端面承压
Q235	205	120	310
Q345	300	175	400

1.5.1.4 材料的泊松比

泊松比是指材料在单向受拉、受压时，横向正应变与轴向正应变的绝对值的比值。泊松比是反映材料横向变形的一种弹性常数。材料的泊松比见表 1-31。

表 1-31 材料的泊松比

材料名称	材料的泊松比	材料名称	材料的泊松比
玻璃	0.2	钢、不锈钢	0.3
铝合金	0.33	高强钢丝、钢绞线	0.3
铝塑复合板	0.25	蜂窝铝板	0.25
花岗石	0.125		

1.5.1.5 材料的膨胀系数

材料的膨胀系数见表 1-32。

表 1-32 材料的膨胀系数

材料名称	材料的膨胀系数(1/℃)	材料名称	材料的膨胀系数(1/℃)
玻璃	$0.8 \times 10^{-5} \sim 1.0 \times 10^{-5}$	不锈钢板	1.80×10^{-5}
铝合金、单层铝板	2.35×10^{-5}	混凝土	1.00×10^{-5}
钢材	1.20×10^{-5}	砖砌体	0.50×10^{-5}
铝塑复合板	$\leqslant 4.0 \times 10^{-5}$	蜂窝铝板	2.4×10^{-5}
花岗石	0.8×10^{-5}		

1.5.1.6　材料的重力密度

材料的重力密度见表1-33。

表1-33　材料的重力密度

材料名称	材料的重力密度/(kN/m³)	材料名称	材料的重力密度/(kN/m³)
普通玻璃、夹层玻璃钢化、半钢化玻璃	25.6	矿棉	1.2～1.5
		玻璃棉	0.5～1.0
钢材	78.5	岩棉	0.5～2.5
铝合金	28		

1.5.1.7　板材单位面积的重力标准值

板材单位面积的重力标准值见表1-34。

表1-34　板材单位面积的重力标准值

板材名称	厚度/mm	板材单位面积重力标准值/(N/m²)	板材名称	厚度/mm	板材单位面积重力标准值/(N/m²)
单层铝板	2.5 3.0 4.0	67.5 81.0 112.0	不锈钢板	1.5 2.0 2.5 3.0	117.8 157.0 196.3 235.5
铝塑复合板	4.0 6.0	55.0 73.6			
铝箔芯蜂窝铝板	10.0 15.0 20.0	53.0 70.0 74.0	花岗石板	20.0 25.0 30.0	500～560 625～700 750～840

1.5.2　材料的质量与要求

1.5.2.1　骨架材料的质量与要求

骨架材料的质量与要求见表 1-35。

表 1-35　骨架材料的质量与要求

名称	解　说
钢材	（1）钢材的表面不得有裂纹、结疤、泛锈、气泡、夹渣、折叠等。 （2）钢材焊接要符合国家标准《高层民用建筑钢结构技术规程》（JGJ 99—2015）等的规定。 （3）金属骨架采用的钢材技术要求、性能要符合有关标准、图纸等的要求。 （4）石材幕墙采用的不锈钢宜采用奥氏体不锈钢材，其技术要求、性能试验方法要符合有关规定：《不锈钢棒》（GB/T 1220—2017）、《不锈钢冷加工棒》《不锈钢冷轧钢板和钢带》（GB/T 3280—2015）、《不锈钢丝》（GB/T 4240—2009）等。 （5）石材幕墙所使用的钢材，其材质、状态均要符合有关规定要求：《碳素结构钢和低合金结构钢热轧薄钢板和钢带》（GB/T 3274—2017）、《碳素结构钢》（GB/T 700—2006）、《合金结构钢》（GB/T 3077—2015）、《低合金高强度结构钢》（GB/T 1591—2018）、《结构用无缝钢管》（GB/T 8126—2018）、《耐候结构钢》（GB/T 4171—2008）、《结构用耐候焊接钢管》（YB/T 4112—2013）等。 （6）室外采用型钢，则宜选用热浸镀锌产品。 （7）碳素结构钢、低合金结构钢要进行有效的防腐处理，符合《金属覆盖层　钢铁制品热镀锌层技术要求及试验方法》（GB/T 13912—2002）等的规定

续表

名称	解　说
铝合金材料	（1）铝合金建筑型材的几何尺寸偏差要符合《铝合金建筑型材》（GB/T 5237—2017）等的规定。幕墙铝型材应采用高精度级的铝合金。 （2）铝合金型材要求表面清洁，色泽均匀，无裂纹、起皮等缺陷存在。 （3）铝合金型材要进行表面阳极氧化、电泳涂漆、粉末喷涂、氟碳喷涂等有效的表面防腐蚀处理。 （4）石材幕墙所使用的铝合金材料的材料牌号、状态、表面处理、尺寸允许偏差、化学成分、机械性能、精度等级均要符合《变形铝及铝合金化学成分》（GB/T 3190—2008）等的要求

石材骨架材料如图 1-15 所示。

图 1-15　石材骨架材料

1.5.2.2　锚件、挂件的质量与要求

锚件、挂件的质量与要求见表 1-36。

表 1-36　锚件、挂件的质量与要求

名称	解　说
金属锚件、挂件	(1)膨胀螺栓要根据设计规格、型号来选用,一般应选用不锈钢制品。 (2)石材幕墙所使用的各类紧固件,应选用不锈钢制品,材料性能符合有关规定:《紧固件　螺栓、螺钉和螺柱　公称长度和螺纹长度》(GB/T 3106—2016)、《紧固件机械性能　螺母》(GB/T 3098.2—2015)、《紧固件机械性能　紧定螺钉》(GB/T 3098.3—2016)、《紧固件机械性能　自攻螺钉》(GB/T 3098.5—2016)等规定。 (3)石材幕墙干挂件要符合《干挂石材用金属挂件》(GB/T 32839—2016)等规定
化学锚固件	(1)宜选用环氧型化学锚固件。 (2)化学锚固件的强度要满足设计要求。 (3)化学锚固件的基材温度、使用温度一般在 5～30℃。 (4)化学锚固件要具有耐酸碱、耐老化、耐低温、无膨胀性等特点

化学锚固件主要性能指标的最小值见表 1-37。

表 1-37　化学锚固件主要性能指标的最小值

性能	密度	抗压强度	抗折强度	剪切强度	振动疲劳	黏结强度
指标	1.9～2.2g/cm³	≥60MPa	≥20MPa	≥36MPa	>800 万次	胶/C20 混凝土≥7MPa; 胶/黏土砖≥3MPa; 胶/普通圆钢≥11MPa; 胶/螺纹钢≥16MPa

1.5.2.3 石材护理材料的质量与要求

石材护理材料的质量与要求见表 1-38。

表 1-38 石材护理材料的质量与要求

项目	有关概念与要求
清洗材料	(1)复合石材、超薄石材不宜进行打磨。 (2)选用的石材清洗剂不应造成石材颜色改变、不应对石材造成损坏。 (3)针对不同品种的石材、不同污染物,选用相应专用清洗剂。 (4)针对石材污染类型,清洗剂可以分为水斑清洗剂、油脂类清洗剂、碱性物质清洗剂、锈斑清洗剂、植物色清洗剂、有机色清洗剂等。 (5)针对石材理化特性,清洗剂可以分为花岗石清洗剂、大理石清洗剂
防护材料	(1)从功能上,石材防护剂可以分为防水防污剂、抗水压型防渗剂、防水剂(防渗剂)、防污剂(防止油脂类污染)、加深颜色型防护剂、强化剂等。 (2)根据使用位置,石材防护剂可以分为面涂型石材防护剂、背涂型石材防护剂。 (3)根据稀释剂类型,石材防护剂可以分为溶剂型石材防护剂、水基型石材防护剂。 (4)根据主成分类型,石材防护剂可以分为氟硅类、硅酸盐类、硅烷硅氧烷类、有机氟类、树脂类、氟化丙烯酸类等。 (5)大理石防护与清洗,可以使用中性防护剂。 (6)底面型防护剂要保证水泥的黏结强度下降率不大于 5%。 (7)石材防护剂进场时要抽样检测。 (8)石材工程使用的特殊护理材料要符合有关设计要求。 (9)石材使用中受水的影响较大时,要选择防水能力较强的防水型防护剂

项目	有关概念与要求
防护材料	(10)石材使用中油性污染较大时,要选择防污能力较强的防油型防护剂。 (11)饰面型防护剂,可以使用具有渗透性、透气性的防护剂,不宜采用成膜型防护剂。 (12)天然石材使用的防护剂要满足《建筑装饰用天然石材防护剂》(JC/T 973—2017)等的规定。 (13)防护剂要根据不同的功能要求选用。 (14)防护剂要根据不同的石材品种来选择
晶硬材料	(1)根据产品状态,石材晶硬材料可以分为石材结晶硬化剂、石材结晶硬化粉。 (2)结晶硬化处理后具有提高表面硬度、防水、抗污染的作用。 (3)结晶硬化剂、结晶硬化粉不应使石材变色,不应对石材产生污染、腐蚀
防滑材料	(1)防滑材料的种类有石材表面防滑粉、石材表面防滑剂、石材表面防滑带(防滑条)等。 (2)对于室内儿童、老人、残疾人等活动较多的场所,防滑等级要达到2级。 (3)对于室内易浸水的地面,防滑等级要达到3级。 (4)对于室内有设计坡度的干燥地面,防滑等级要达到2级,有设计坡度的易浸水的地面,防滑等级要达到4级。 (5)对于室外有设计坡度的地面,防滑等级要达到4级。其他室外地面的防滑等级要达到3级。 (6)通常情况下,防滑等级要不低于1级

1.5.3 石材的相关标准

石材的相关标准见表1-39。

表 1-39　石材的相关标准

标准代号	标准名称	标准性质	主要内容	要求项目
GB/T 13890—2008	《天然饰面石材术语》	推荐性国标	石材行业使用的术语及定义	—
GB/T 13891—2008	《建筑饰面材料镜向光泽度测定方法》	推荐性国标	光泽度的测定方法	我国石材使用 60°入射角测定方法等项目
GB/T 17670—2008	《天然石材统一编号》	推荐性国标	我国石材的分类、名称、代号	我国石材分为花岗石、大理石、板石等项目
GB/T 18600—2009	《天然板石》	推荐性国标	天然板石产品的性能技术要求	加工质量、物理性能、化学性能等项目
GB/T 18601—2009	《天然花岗石建筑板材》	推荐性国标	天然花岗石板材产品的性能技术要求	加工质量、物理性能、放射性
GB/T 19766—2016	《天然大理石建筑板材》	推荐性国标	天然大理石板材产品的性能技术要求	加工质量、物理性能
GB/T 9966.1—2001	《干燥、水饱和、冻融循环后压缩强度试验方法》	推荐性国标	石材材质性能的试验方法	干燥、水饱和、冻融循环后压缩强度等项目
GB/T 9966.2—2001	《干燥、水饱和弯曲强度试验方法》	推荐性国标	石材材质性能的试验方法	干燥、水饱和弯曲强度等项目
GB/T 9966.3—2001	《体积密度、真密度、真气孔率、吸水率试验方法》	推荐性国标	石材材质性能的试验方法	真密度、真气孔率、体积密度、吸水率等项目
GB/T 9966.4—2001	《天然饰面石材试验方法 第4部分:耐磨性试验方法》	推荐性国标	石材材质性能的试验方法	耐磨性
GB/T 9966.5—2001	《天然饰面石材试验方法 第5部分:肖氏硬度试验方法》	推荐性国标	石材材质性能的试验方法	肖氏硬度

续表

标准代号	标准名称	标准性质	主要内容	要求项目
GB/T 9966.6—2001	《天然饰面石材试验方法 第6部分：耐酸性试验方法》	推荐性国标	石材材质性能的试验方法	耐酸性
GB/T 9966.7—2001	《天然饰面石材试验方法 第7部分：检测石板材挂件组合单元挂装强度试验方法》	推荐性国标	石材材质性能的试验方法	挂件组合单元挂装强度等项目
GB/T 9966.8—2008	《天然饰面石材试验方法 第8部分：用均匀静态压差检测石材挂装系统结构强度试验方法》	推荐性国标	石材材质性能的试验方法	挂装系统结构强度等项目
GB 6556—2010	《建筑材料放射性核素限量》	强制性国标	放射性检验	根据石材所含放射性核素比活度分为A、B、C等类型，分别适用在不同的建筑部位，放射性
JC 830.1—2005	《干挂饰面石材及其金属挂件 第1部分 干挂饰面石材》	强制性建材行业标准	干挂石材产品的性能技术要求	加工质量、物理性能、放射性
JC 830.2—2005	《干挂饰面石材及其金属挂件 第2部分 金属挂件》	强制性建材行业标准	金属挂件产品的性能技术要求	表面质量、规格尺寸、拉拔强度
JC 887-2001	《干挂石材幕墙用环氧胶粘剂》	强制性建材行业标准	石材幕墙工程用结构胶的性能技术要求	—
JC 908—2013	《人造石》	强制性建材行业标准	人造石产品的性能技术要求	落球冲击、冲击韧性、弯曲强度及弯曲弹性模量、对角线偏差、平整度、边缘不直度、规格尺寸偏差、外观质量、巴氏硬度、载荷性能等

续表

标准代号	标准名称	标准性质	主要内容	要求项目
JC/T 202—2011	《天然大理石荒料》	推荐性建材行业标准	天然大理石荒料产品的性能技术要求	加工质量、物理性能
JC/T 204—2011	《天然花岗石荒料》	推荐性建材行业标准	天然花岗石荒料产品的性能技术要求	加工质量、物理性能、放射性
JC/T 507—2012	《建筑装饰用水磨石》	推荐性建材行业标准	水磨石产品的性能技术要求	宽度、厚度、平面度、角度、外观质量、长度、出石率、光泽度、吸水率、抗折强度
JC/T 79—2001	《天然大理石建筑板材》	推荐性建材行业标准	天然大理石产品的性能技术要求	加工质量、物理性能
JC/T 872—2000	《建筑装饰用微晶玻璃》	推荐性建材行业标准	微晶石产品的性能技术要求	加工质量、莫氏硬度、弯曲强度、抗急冷急热、色差、化学稳定性
GB/T 23261—2009	《石材用建筑密封胶》	推荐性建材行业标准	石材幕墙工程用密封胶的性能技术要求	适用期、弯曲弹性模量、外观、冲击强度、拉剪强度、压剪强度
JC/T 972—2005	《天然花岗石墓碑石》	推荐性建材行业标准	天然花岗石墓碑石产品的性能技术要求	石材质量、加工质量、形位尺寸、物理性能、抗风化性
JC/T 973—2005	《建筑装饰用天然石材防护剂》	推荐性建材行业标准	防护剂产品的性能技术要求和使用方法	耐酸性、耐碱性、防水性、耐污性、耐紫外线老化性、黏结强度
JGJ 133—2001	《金属与石材幕墙工程技术规范》	强制性建工行业标准	金属与石材幕墙的设计、施工与验收要求	—

1.5.4　石材相关知识

石材相关知识见表 1-40。

表 1-40　石材相关知识

项目	解　说
石材薄板与厚板的区别	(1)石材薄板——石材厚度在 12mm 以下。目前,国内常用石材薄板的规格为 305mm×305mm×10mm 等。 (2)石材厚板——石材厚度在 12mm 以上,目前,国内外常用的板材厚度是 18~20mm。用于外墙干挂的板材厚度一般为 25~50mm
石材大板与条板的区别	(1)石材大板——目前,对石材大板的定义没有一个确定的规定,有的指规格等于或者大于 1200mm×2400mm(长度×宽度)的板材。有的因对比对象不同,其规格小于 1200mm×2400mm(长度×宽度)的板材也叫做大板。 (2)石材条板——石材条板宽度为 40~100cm 不等。石材条板以花岗石居多
石材的防滑	(1)防滑的石材一般适用于楼梯、入口处、潮湿有水处、斜坡表面等位置。 (2)通常给石材做防滑是通过表面加粗,增大摩擦力来达到防滑目的。有的在石材光面增加一些化学材料来达到防滑的目的。 (3)大理石做防滑处理的五种表面效果为:火烧面、机刨面、荔枝面、仿古面、剁斧面。 (4)商业、工业地面防滑,需要根据防滑要求,选择专业石材防滑材料
石材色差	(1)石材色差是指石材颜色的差异。 (2)石材色差是因色元素的分布不均衡而导致表面颜色的差异。 (3)天然石材经过长时间的自然沉积,元素不规则地分布,也不可避免地出现色差。 (4)石材大面积铺贴时,如果出现明显色差,会造成外观的不协调。 (5)如果人造石材在生产时,在原料的配制过程中均匀搅拌,色料与骨料充分结合,则会色泽均衡,避免出现色差的现象

第2章

各类石材相关性质

2.1 干挂饰面天然石材

2.1.1 干挂饰面天然石材的分类

干挂饰面天然石材的分类与等级如图 2-1 所示。

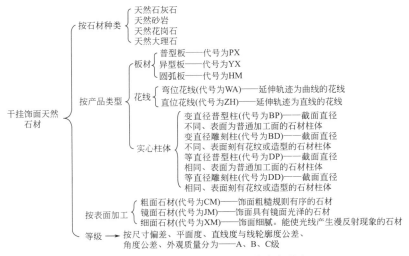

图 2-1 干挂饰面天然石材的分类与等级

2.1.2　干挂饰面天然石材的规格尺寸

普通板材的规格尺寸系列见表 2-1。普型板材规格尺寸允许偏差见表 2-2。干挂圆弧板规格尺寸允许偏差见表 2-3。

表 2-1　普通板材规格尺寸系列　　单位：mm

边长系列	300*、400、500、600*、700、800、900*、1000、1200*、1500
厚度系列	20、25*、30、35*、40*、50

说明：标注 * 为常用规格。

表 2-2　普型板材规格尺寸允许偏差　　单位：mm

项目	粗面板材			镜面和细面板材		
	A	B	C	A	B	C
长度、宽度	0 −1.0		0 −1.5		0 −1.0	0 −1.5
厚度	+3.0 −1.0	+4.0 −1.0	+5.0 −1.0	+1.0 −1.0	+2.0 −1.0	+3.0 −1.0

表 2-3　干挂圆弧板规格尺寸允许偏差　　单位：mm

项目	粗面板材			亚光面和镜面板材		
	A	B	C	A	B	C
弦长	0 −1.5	0 −2.0	0 −2.0	0 −1.0		0 −1.5
高度	0 −1.0		0 −1.5			
厚度	+3.0 −1.0	+4.0 −1.0	+5.0 −1.0	+1.0 −1.0	+2.0 −1.0	+3.0 −1.0

干挂石材最小厚度与单块面积见表2-4。

表2-4 干挂石材最小厚度与单块面积

项　　目		天然花岗石		天然石灰石和砂岩		天然大理石	
		镜面和细面板材	粗面板材	弯曲强度不小于8.0MPa	弯曲强度不小于4.0MPa且不大于8.0MPa	镜面和细面板材	粗面板材
最小厚度/mm	室内饰面	≥20	≥23	≥25	≥30	≥25	≥28
	室外饰面	≥25	≥28	≥35	≥40	≥35	≥35
单块面积/m²		≤1.5		≤1.5	≤1.0	≤1.5	

2.2 石材马赛克

2.2.1 石材马赛克有关术语与定义

石材马赛克有关术语与定义见表2-5。

表2-5 石材马赛克有关术语与定义

术　　语	定　　义
石材马赛克	建筑装饰用的由多颗表面面积不大于50cm² 的石粒与背衬粘贴成联的石材砖
线路	一联石材砖内石粒间的行间距和列间距

续表

术　　语	定　　义
联长	每联石材砖的边长
非定型石材马赛克	每联砖中石粒呈不规则形状的石材马赛克
定型石材马赛克	每颗石粒均为规则形状的石材马赛克
背衬	为了便于铺贴,粘贴在石材砖背面的板状、网状或其他类似形状的衬材

2.2.2　定型石材马赛克的允许尺寸

定型石材马赛克的允许尺寸偏差见表 2-6。

表 2-6　定型石材马赛克的允许尺寸偏差

项　　目	偏差/mm
线路和联长	±1.0
石粒的长度、宽度、厚度	±0.5

2.3　天然石材墙地砖

2.3.1　天然石材墙地砖的术语与定义

天然石材墙地砖的术语与定义见表 2-7。

表 2-7   天然石材墙地砖的术语与定义

术语	定 义
石材墙地砖	使用在室内采用湿贴施工的规格天然石材板材,长宽尺寸一般不大于 600mm×300mm,且不小于 100mm×50mm,厚度不大于 12mm
光面砖	表面经磨抛处理具有光泽的石材墙地砖
粗面砖	表面呈凹凸面或材质为自然面的石材墙地砖

2.3.2   天然石材墙地砖的分类与等级

天然石材墙地砖的分类与等级如图 2-2 所示。

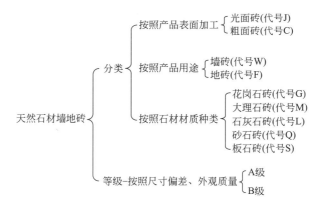

图 2-2   天然石材墙地砖分类与等级

2.3.3   天然石材墙地砖的规格尺寸

天然石材墙地砖的规格尺寸见表 2-8。

表 2-8 天然石材墙地砖规格尺寸

墙砖系列(长×宽×厚)/mm	地砖系列(长×宽×厚)/mm
100×50×8	
100×100×8	
150×50×8	
150×100×8	100×100×10
150×150×8	200×200×10
200×100×10	300×300×10
200×200×10	400×200×12
300×100×10	400×400×12
300×150×10	450×300×12
300×200×10	600×300×12
300×300×10	
450×300×12	
600×300×12	

2.3.4 光面砖的尺寸偏差

光面砖的尺寸偏差需符合表 2-9 的要求。

表 2-9 光面砖的尺寸偏差要求

项　　目	技术要求/mm	
	A 级	B 级
长度、宽度偏差	±0.5	+0.5 −1.0
厚度偏差	±0.5	±1.0
平面度公差	0.3	0.5
对角线差	±0.7	±1.0

2.3.5 粗面砖的尺寸偏差

粗面砖的尺寸偏差需要符合表 2-10 的要求。

表 2-10 粗面砖的尺寸偏差要求

项　　目	技术要求/mm	
	A 级	B 级
长度、宽度偏差	±0.5	+0.5 −1.0
厚度偏差	±1.0	±1.5
对角线差	±0.7	±1.0

2.4 烧结装饰砖

2.4.1 烧结装饰砖简述

烧结砖就是以黏土、页岩、煤矸石、粉煤灰为原料，经成型与高温焙烧而制得的用于砌筑承重与非承重墙体的砖的统称。烧结装饰砖是一种具有装饰功能的烧结砖。烧结装饰砖实例如图 2-3 所示。烧结装饰砖标志识读如图 2-4 所示。

根据抗压强度，承重烧结装饰砖可以分为 MU15、MU20、MU25、MU30、MU35 等等级。

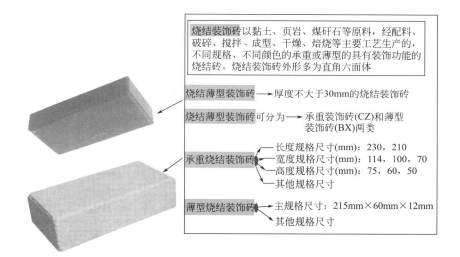

图 2-3　烧结装饰砖实例

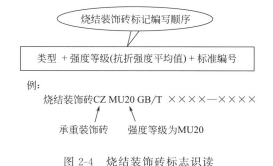

图 2-4　烧结装饰砖标志识读

　　烧结装饰砖的尺寸允许偏差见表 2-11。烧结装饰砖的外观要求如图 2-5 所示。

表 2-11　烧结装饰砖的尺寸允许偏差　　单位：mm

长度	薄型装饰砖		承重装饰砖	
	样本平均偏差	样本极差	样本平均偏差	样本极差
＞200	±1.8	4	±2.0	4
100～200	±1.3	3	±1.5	3
＜100	±1.0	2	±1.0	2

项目		要求	标准值
颜色(外装饰面)			基本一致
完整面/个		不得少于	装饰面和一顶面
缺棱掉角的3个破坏尺寸/mm		不得同时大于	5
裂纹长度	大面上宽度方向的长度/mm	≤	15
	大面上长度方向的长度/mm	≤	20
	条面和顶面/mm	≤	15
杂质在砖面上造成的凸出高度/mm		≤	3

为增加装饰效果，烧结装饰砖可做成本色或多色，装饰面也可以具有砂面、光面等。装饰面施加的色差、凹凸纹、拉毛、拉花、压花、喷砂等不算作缺陷

图 2-5　烧结装饰砖的外观要求

2.4.2　烧结装饰砖的抗压强度与抗折强度

承重烧结装饰砖的抗压强度与薄型烧结装饰砖的抗折强度见表 2-12。

表 2-12 承重烧结装饰砖的抗压强度与薄型烧结装饰砖的抗折强度

单位：MPa

承重装饰砖的强度等级		
强度等级	抗压强度平均值 ≥	强度标准值 ≥
MU15	15.0	10.0
MU20	20.0	14.0
MU25	25.0	18.0
MU30	30.0	22.0
MU35	35.0	26.0
薄型装饰砖的抗折强度		
项　目		要　求
抗折强度平均值		不小于 8MPa
单块最小值		不小于 6MPa

说明：薄型装饰砖的强度以抗折强度平均值和单块最小值表示。

2.5 大理石

2.5.1 大理石简述

大理石是由沉积岩、沉积岩的变质岩形成的，并且往往伴随有生物遗体的纹理。大理石的主要成分是碳酸钙，有的大理石含有二氧化硅，有的不含有二氧化硅。大理石硬度较低，呈弱碱性。大理石耐酸碱性差，一般不做室外饰面板材。

大理石的性能如下。

（1）大理石不导磁、不导电。

（2）大理石具有优良的加工性能，可切、磨光、锯、钻孔、雕刻等。

（3）大理石的耐磨性能好，不易老化，使用寿命一般为50～80年。

（4）大理石具有优良的装饰性能，被广泛用于室内墙、地面的装饰。

（5）大理石辐射极小、色泽艳丽。

纯大理石为白色（即常说的汉白玉）。大理石中常含有其他杂质，不同的杂质使大理石呈现不同的颜色：含碳则成黑色；含氧化铁则成玫瑰色、橘红色；含氧化亚铁、铜则成绿色。

2.5.2　大理石的常见名称

大理石的常见名称见表2-13。

表 2-13　大理石的常见名称

大理石名称	产　　地	说　　明
埃及米黄	埃及	为米黄底色，具有多种花色：豆腐花、均匀点状、带水晶线状
白宫米黄	伊朗、法国等	为米黄偏白色，具有花纹均匀等特点
白沙米黄	土耳其、葡萄牙等	也就是木化石、法国木纹，材质较疏松而软，具有灰色木纹纹路
白水晶	湖北	为白色，有细致而均匀的晶粒
宝兴白	四川宝兴	为纯白色或象牙色、中小颗粒，石英含量较高
大花白	意大利	为白底夹杂黑灰色条纹，质地较硬、花纹流畅

续表

大理石名称	产　地	说　明
大花绿	中国台湾、陕西,印度等	板面呈深绿色,有白色条纹
丹东绿	辽宁丹东	底色为嫩绿色,带有绿色或深绿色纹理,部分具有少量的白色斑纹,具有颗粒细小、结构致密等特点
丁香米黄	土耳其、埃及等	为中黄色,偶尔有贝壳粒点
啡网纹	中国湖北、广西、江西、土耳其等	棕褐色底带黄色网状细筋,部分有白色粗筋,具有细小颗粒
海棠白	云南	米黄色,曲条形花纹,具有色泽细嫩等特点
汉白玉	北京房山、湖北黄石等	玉白色,略有杂点与纹脉
杭灰	浙江	板面为深褐色/黑灰色底,带有黑灰色斑点、密布白色细纹以及带有红色或是白色粗筋,有细密均匀的颗粒
黑白根	中国湖北、广西、土耳其、西班牙等	带有白色筋络,有黑色致密结构
黑金花	意大利、阿富汗等	黑色有花纹,具有花样自然高雅等特点
红线米黄	湖北	红线纹理,具有色调柔和、雅致、大方等特点
火山红	菲律宾	具有光泽夺目、质地细腻等特点
金碧辉煌	埃及	具有纹理自然、质感厚重等特点
金花米黄	法国、意大利、伊朗等	具有比较明显的纹路
金线米黄	埃及	质感柔和、纹路细腻、格调高雅
爵士白	希腊	乳白色,有曲线纹理、细粒结构
玛瑙红	中国广西,希腊等	灰白底色带有青色斑纹、板面密布红色细筋,有细小均匀的颗粒,结构致密

大理石名称	产　　地	说　　明
玫瑰红	葡萄牙、土耳其、巴西等	呈红色,具有黄色山水线
木纹	贵州、湖北等	黄色、灰色、白色等,具有木纹状纹理、中小颗粒
挪威红	挪威	红白相间,纹路为白色块状
莎安娜米黄	伊朗	纯净的米黄色,色调柔和、温暖
珊瑚红	西班牙	橘红色委婉柔美,纹理纵横交错,轻盈飘逸
世纪米黄	土耳其,福建泉州等	米黄色,色彩均匀、光滑平整
松香黄	山东、南阳等	金黄颜色,纹路清晰、透光度好
万寿红	意大利、福建泉州	橘红与橘黄色,有鳞状碎纹
西班牙米黄	西班牙	色彩沿着晶隙渗透,缠绵交错
香槟红	意大利	浅橘红色、紫色或红色,光度好、纹理细致
新西米黄	埃及	米黄色,色泽淡雅、大方
雪花白	山东掖县	白色相间淡灰色,有均匀中晶、较多黄杂点
雅士白	希腊	白色,硬度大、色泽光润、结构致密
银线米黄	意大利	浅黄色,具有银灰色线条
紫罗红	土耳其、印度等	色泽艳丽,石纹缠绵交错

2.5.3　天然大理石板材的分类与要求

天然大理石建筑板材的分类如图 2-6 所示。

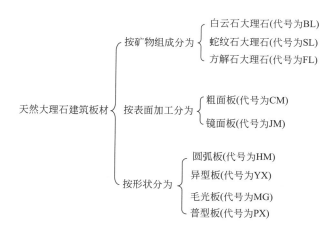

图 2-6　天然大理石建筑板材的分类

天然大理石建筑板材毛光板的平面度、厚度要求见表 2-14。

表 2-14　天然大理石建筑板材毛光板的平面度、厚度要求

单位：mm

项　　目		技术指标		
		C 级	B 级	A 级
平面度		1.5	1.0	0.8
厚度	≤12	±1.0	±0.8	±0.5
	>12	±2.0	±1.5	±1.0

天然大理石板材的规格尺寸允许偏差（参考）见表 2-15。

表 2-15　天然大理石板材的规格尺寸允许偏差（参考）

部　　位		优等天然大理石板材/mm	一等天然大理石板材/mm	合格天然大理石板材/mm
长度、宽度		0 −1	0 −1	0 −1.5
厚度	≤15mm	±0.8	±0.5	±1
	>15mm	+1 −2	+0.5 −1.5	±2

天然大理石板材的外观质量（参考）见表 2-16。

表 2-16　天然大理石板材的外观质量（参考）

缺陷	合格品	优等品	一等品
翘曲缺陷	有,但是不影响使用	不允许	不明显
裂纹缺陷		不允许	不明显
砂眼缺陷		不允许	不明显
凹陷缺陷		不允许	不明显
色斑缺陷		不允许	不明显
污点缺陷		不允许	不明显
正面棱缺陷≤8 处,≤3 处	1 处	不允许	不明显
正面角缺陷≤3 处,≤3 处	1 处	不允许	不明显

天然大理石板材的物理性能（参考）见表 2-17。

表 2-17　天然大理石板材的物理性能（参考）

化学主要成分含量/%		镜面光泽度		
氧化钙含量	氧化镁含量	优等	一等	合格
40～56	0～5	90	80	70
25～35	15～25			
25～35	15～25	80	70	60
34～37	15～18			
1～5	44～50	60	50	10

　　天然大理石板材的角度参考允许极限公差（参考）见表 2-18。

表 2-18　天然大理石板材的角度允许极限公差（参考）

单位：mm

板材长度范围	参考允许极限公差值		
	优等	一等	合格
≤400	0.3	0.4	0.6
>400	0.5	0.6	0.8

　　天然大理石板材的平面度允许极限公差（参考）见表 2-19。

表 2-19　天然大理石板材的平面度允许极限公差（参考）

单位：mm

板材长度范围	允许极限公差值		
	优等	一等	合格
≤400	0.2	0.3	0.5

续表

板材长度范围	允许极限公差值		
	优等	一等	合格
＞400～＜800	0.5	0.6	0.8
≥800～＜1000	0.7	0.8	1
≥1000	0.8	1	1.2

2.6 路沿石

2.6.1 路沿石简述

混凝土路沿石的有关术语定义见表 2-20。

表 2-20 混凝土路沿石的有关术语定义

术 语	定 义
混凝土路沿石	铺设在路面边缘或标定路面界限的预制混凝土边界标石
混凝土平沿石	顶面与路面平齐的混凝土路沿石。有标定车行道路面范围,或设在人行道与绿化带间用以整齐路容、保护路面边缘
混凝土立沿石	顶面高出路面的混凝土路沿石。有标定车行道范围以及引导排除路面水的作用
混凝土平面石	铺砌在路面与立沿石混凝土间的平面标石

混凝土路沿石的强度等级如图 2-7 所示。

直线形路沿石按抗折强度等级分为 ⟶ $C_f3.5$　$C_f4.0$　$C_f5.0$　$C_f6.0$

曲线形及直线形截面L状等路沿石抗压强度等级 ⟶ C_e30　C_e35　C_e40　C_e45

图 2-7　混凝土路沿石的强度等级

混凝土路沿石的代码如图 2-8 所示。

BCC ⟶ 直线形混凝土路沿石　　　　CGA ⟶ 混凝土平面石

CC ⟶ 混凝土路沿石　　　　　　　CVC ⟶ 混凝土立沿石

CCC ⟶ 曲线形混凝土路沿石　　　　RACC ⟶ 直线形截面L状混凝土路沿石

CFC ⟶ 混凝土平沿石

图 2-8　混凝土路沿石的代码

混凝土路沿石的尺寸允许偏差见表 2-21。

表 2-21　混凝土路沿石的尺寸允许偏差

项　　目	要求/mm	项　　目	要求/mm
高度(h)	+4 −3	长度(l)	+4 −3
平整度	≤3	宽度(b)	+4 −3
垂直度	≤3		
对角线差	≤3		

混凝土路沿石的外观质量要求见表 2-22。

表 2-22　混凝土路沿石的外观质量要求

项　　目	要　　求
贯穿裂纹	不允许
分层	不允许
色差、杂色	不明显
缺棱掉角影响顶面或正侧面的破坏最大投影尺寸/mm	≤15
面层非贯穿裂纹最大投影尺寸/mm	≤10
可视面粘皮(脱皮)及表面缺损最大面积/mm²	≤30

2.6.2　直线形路沿石的抗折强度与曲线形路沿石的抗压强度

2.6.2.1　直线形路沿石的抗折强度

直线形路沿石的抗折强度要求见表 2-23。

表 2-23　直线形路沿石的抗折强度要求　　单位：MPa

强度等级	$C_f3.0$	$C_f4.0$	$C_f5.0$	$C_f6.0$
平均值	≥3.50	≥4.00	≥5.00	≥6.00
单件最小值	≥2.80	≥3.20	≥4.00	≥4.80

2.6.2.2　曲线形路沿石的抗压强度

曲线形路沿石的抗压强度要求见表 2-24。

表 2-24　曲线形路沿石的抗压强度要求　　单位：MPa

强度等级	$C_e 30$	$C_e 35$	$C_e 40$	$C_3 45$
平均值	≥30.0	≥35.0	≥40.0	≥45.0
单件最小值	≥24.0	≥28.0	≥32.0	≥36.0

2.7　其他石材有关知识

2.7.1　花岗石板材外观质量与有关要求

天然花岗石板材的外观质量要求（参考）见表 2-25。

表 2-25　　天然花岗石板材的外观质量要求（参考）

名称	规定内容	一等	合格	优等
缺棱	周边每米长度不超过 10mm 的缺棱/个	1	2	不允许
缺角	面积不超过 5mm×2mm 的缺角，每块板/个	1	2	不允许
裂纹	长度不超过两端顺延到板边总长度的 1/10 的裂纹，每块板/个	1	2	不允许
色斑	面积不超过 20mm×30mm 的色斑，每块板/个			不允许
色线	长度不超过两端顺延到板边总长度的 1/10 的色线，每块板/条	2	3	不允许
坑窝	粗面板材的正面出现的坑窝	不明显	出现，但不影响使用	不允许

天然花岗石板材的平面度允许极限公差（参考）见表2-26。

表 2-26 天然花岗石板材的平面度允许极限公差（参考）

单位：mm

板材长度范围	粗面板材			细面、镜面板材		
	优等	优等	一等	合格	一等	合格
≤400	0.80	0.20	0.40	0.60	1.00	1.20
>400～<1000	1.50	0.50	0.70	0.90	2.00	2.20
≥1000	2.00	0.80	1.00	1.20	2.50	2.80

天然花岗石板材的角度允许极限公差（参考）见表2-27。

表 2-27 天然花岗石板材的角度允许极限公差（参考）

单位：mm

板材长度范围	细面和镜面板材			粗面板材		
	优等	一等	合格	优等	一等	合格
≤400	0.40	0.60	0.80	0.60	0.80	1.00
>400			1.00		1.00	1.20

2.7.2 石材花钵（花盆）的特点

石材花钵（花盆）具有天然石材质地坚硬、有重量感、耐磨等特点，花钵表面还有较强的可塑性。石材花钵（花盆）实例如图2-9所示。

石材花钵（花盆）可以分为圆形花钵、长方形花钵、欧式花钵、现代花钵、古典花钵、方形水钵、四方形花钵等。有的花钵上还雕刻动物、人物等图案。根据材质，石材花钵可分为

图 2-9　石材花钵（花盆）实例

大理石花钵、花岗石花钵、砂岩花钵等。

常用石材花钵（花盆）的特点见表 2-28。

表 2-28　常用石材花钵（花盆）的特点

名　称	特　点
大理石花钵	格调高雅、花色繁多、硬度高、温度变形小
花岗石花钵	强度高、耐腐蚀、耐磨损、抗风化、吸水性低、颜色美观
砂岩花钵	一般是用细砂岩雕刻而成、质地较软、颗粒细腻、颜色多样

2.7.3　装饰用天然鹅卵石的特点

鹅卵石是纯天然的石材，是开采黄砂时的副产品。

鹅卵石的化学组成成分主要有二氧化硅，少量的氧化铁、微量的锰、铜、铝、镁等元素的单质与化合物。由于色素离子溶入鹅卵石二氧化硅热液中的种类、含量不同，鹅卵石会呈现不同的色系。

鹅卵石的种类有河卵石、造景石、木化石等。鹅卵石可
以用于公共建筑、铺设路面、公园假山、庭院建筑、盆景填
充、园林艺术等。鹅卵石还可以作为净水、污水处理的
材料。

2.7.4 石材洗手盆的特点

根据用途，石材洗手盆可以分为卫浴盆、厨房盆、洗衣
盆。根据材质，石材洗手盆可以分为砂岩洗手盆、石灰石洗手
盆、花岗岩洗手盆、大理石洗手盆、玉石洗手盆、微晶石洗
手盆等。根据安装方式，石材洗手盆可以分为柱盆、台盆、
挂盆等种类。其中，台盆又可以分为台上盆、台下盆。根据
水龙头开孔方式，石材洗手盆可以分为无孔盆、单孔盆、三
孔盆等。

石材洗手盆实例如图 2-10 所示。

图 2-10　石材洗手盆实例

2.7.5 石材门的特点

石材门是为了保持墙面石材一致性,特意选择用天然石材做的门。常见的石材门有消防栓石材门、石材暗门、石材隐形门、石材消防门、石材蜂窝板门等种类。

采用石材门需要考虑结构稳固、饰面美观、安装可靠等要求。有的石材门采用类似墙面石材干挂的方式进行安装,有的采用上下门轴、滚珠轴承等方式安装。

石材门实例如图 2-11 所示。

图 2-11　石材门实例

2.7.6 石雕与石栏的特点

石雕就是石材雕塑,常见的石雕形式有浮雕、圆雕。其中,浮雕就是用压缩的方法来处理对象,靠透视等因素来表现三维空间，并且只供一面或两面观看。圆雕就是指非压缩的，可以多方位、多角度欣赏的三维立体雕塑。浮雕一般是附属在平面上的，圆雕有写实性与装饰性等特点。

石雕实例如图 2-12 所示。

图 2-12　石雕实例

栏杆就是围护的护杆，常见的有木栏杆、石栏杆。石栏杆又可以分为普通石栏杆、石雕栏杆等。石栏杆实例如图 2-13 所示。石雕应用中石雕栏杆比较常见。石雕栏杆也就是石质雕刻的栏杆。石雕栏杆可以安装在桥的两侧、楼梯两侧、台基四周、廊柱两侧、亭榭周边等位置。石雕栏杆常见的功能是分隔空间、防护、拦隔围护、点缀环境等。园林建筑中，石雕栏杆比较常见。

石雕栏杆的主要组成部分有：立柱、栏板、柱头、地铺石等。石雕栏杆也可以与立柱、铁索等其他材料搭配。

栏杆组件常见参考规格如下。

栏杆高度：一般是根据柱子的高度按比例协调制作的。高栏杆一般高 1.1～1.3m，主要用于桥梁防护等；中栏杆一般

图 2-13　石栏杆实例

高 0.8～0.9m，主要用于河道边防护栏杆等；低栏杆一般高 0.2～0.3m 主要用于花圃景点的防护美化等。

　　栏板厚度：6mm、8mm、10mm、20mm、85mm、90mm 等，具体数据根据具体情况来定。

　　栏板高度：90cm 等。

　　栏杆柱间距：一般为 0.5～2m。

　　方柱子规格（边长×边长×高度）：8cm×8cm×68cm、10cm×10cm×100cm、12cm×12cm×110cm、14cm×14cm×135cm、15cm×15cm×150cm、18cm×18cm×165cm、20cm×20cm×165cm、22cm×22cm×165cm、25cm×25cm×160cm、26cm×26cm×160cm、28cm×28cm×165cm、30cm×30cm×165cm 等。

　　圆柱子规格（直径×高度）：18cm×120cm 等。

2.7.7　石材柱的特点

石材柱简称石柱。石柱就是采用花岗石、大理石等石材加工而成的一种建筑装饰用的实心或空心柱体。标准的石材柱包括柱础、柱体、柱帽等。根据所选用的石材种类，石材柱可分为大理石石柱、花岗石石柱。根据横截面尺寸，石材柱可分为等直径柱、锥形柱、鼓形柱。根据柱体外形特征，石材柱可分为扭纹柱、栏杆柱、罗马柱、梅花柱、雕刻柱、多棱柱、单色柱、多色柱等。

普通圆柱的直径、高度主要取决于其荒料的尺寸。普通圆柱的最小直径一般为100mm，最大直径≤2000mm。普通圆柱单体高度一般小于5000mm，特殊圆柱高度可能超过5000mm。

石柱与圆弧板的区别：石柱是实心或空心的整体圆柱或拼接圆柱。圆弧板只用来包裹、装饰柱体，是圆柱等外表面的一部分。

2.7.8　水沟盖板的特点

水沟盖板也就是水沟上面的盖板，又叫做水沟盖，如图2-14所示。根据其外观特点，水沟盖板主要分为长方形槽水沟盖板、圆形孔洞水沟盖板等。根据其使用材料，水沟盖板主要分为芝麻黑花岗石水沟盖板、水泥条形水沟盖板、普通花岗石孔型水沟盖板等。

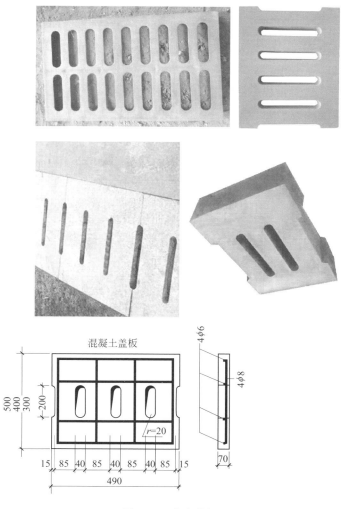

图 2-14 水沟盖板

室内金属材质水沟盖板板网孔大小大约为 5mm，条状栅孔的最小边大约为 4mm。有的室内则采用与室外一样规格的水沟盖板。

常见石材水沟盖板的方形孔洞大小为 23mm × 230mm、23mm×270mm 等。常见石材水沟盖板的规格（长度×宽度×高度）为 400mm × 600mm × 40mm、400mm × 600mm × 35mm、490mm×500mm×70mm 等。

水沟盖板广泛应用于度假区、住宅区、现代园林、市政工程等环境中。

选择水沟盖板时应注意与建筑装修环境的协调与配合，注重线条流畅、造型美观等要求。

石材水沟盖板一般是以花岗石为主材制作而成的，也有的水沟盖板是采用水泥制作而成的。

石材水沟盖板的主要作用是将雨水中携带的体积较大的污物过滤截留。石材水沟盖板需要具有耐磨度高、抗弯曲强度大、抗冲击性强、耐腐蚀能力强、承载能力强、安装维护方便等特点。

2.7.9 踢脚线的特点

踢脚线区域就是脚踢得到的墙面区域。因该区域容易受到冲击，为此该区域常安装踢脚线。踢脚线实例如图 2-15 所示。

踢脚线能够更好地使墙体与地面结合牢固，减少墙体变形，有利于清洁，避免外力碰撞造成破坏与污染。另外，踢脚线还具有易打理、方便地砖收口、降低地砖施工难度、增加层次感、装饰美化等作用。

踢脚线接材质可分为陶瓷类踢脚线、玻璃类踢脚线、石材

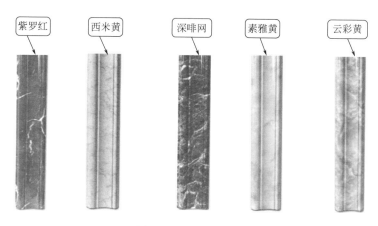

图 2-15　踢脚线实例

类踢脚线、木材类踢脚线、不锈钢踢脚线、PVC 踢脚线。石材踢脚线的应用如图 2-16 所示。石材踢脚线的干挂示意图如图 2-17 所示。

图 2-16　石材踢脚线的应用

　　石材踢脚线又可以分为大理石踢脚线、人造石踢脚线，其中大理石踢脚线档次高、成本也高。人造石踢脚线价格低，质感也不如天然大理石。

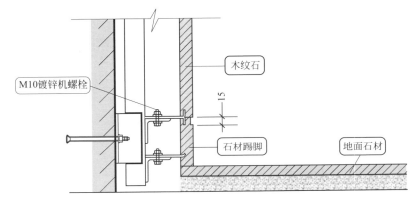

图 2-17　石材踢脚线的干挂图例

　　石材踢脚线具有防潮、防腐、易打理、易保养的优点，加上天然石材颜色丰富，因此在装饰美化环境中广泛应用，也常配合瓷砖地面或者大理石地面使用。

2.7.10　墙裙的特点

　　墙裙就是在四周的墙上距地一定高度内全部用材料包住的范围。墙裙可以用铝塑板、木板、石材、漆等材质。

　　墙裙可以装饰室内空间、避免人身活动摩擦产生划痕，并可以分割墙面，增加墙面的视觉层次。

　　装饰的墙裙高度一般为 1.5m。如果墙裙高度太高，会让房间显得矮小拥挤；如果墙裙高度太低，则会显得不美观。

　　墙裙也可以采用石材，也就是墙裙石材。石材墙裙的应用如图 2-18 所示。

图 2-18 石材墙裙的应用

2.7.11 圆球的特点

目前，石材圆球主要用于园林广场、挡车环境、景观装饰等场合。石材圆球可以针对环境空间进行定制。圆球实例如图 2-19 所示。

图 2-19 圆球实例

2.7.12 窗台石材的特点

窗台的作用主要是装饰、收纳等。目前，窗台的装修材料有天然石、人造石、金属材料、木质材料、砖等。

石材窗台具有防水、美观等特点。窗台石材常见的有大理石窗台、花岗石窗台、人造石窗台等。窗台石材一般面积不大，尽量采用无缝拼接或者整块。石材窗台实例如图 2-20 所示。

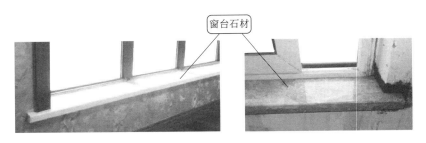

图 2-20　石材窗台实例

天然石材一般是以"m²"来结算，加工费占的比例比较大，并且切割下来的部分也会算到石材面积里。

人造石一般是以"延米"来结算，一延米也就是 1m。

窗台有单个窗台、门连窗、阳台窗、飘窗、一字形窗台、L 形窗台、U 形窗台等种类。因此，窗台石材的使用面积就需要根据具体窗台来确定。但是，下料时窗台石材的实际尺寸应比窗台尺寸大一些，以便于磨损、接边等需要。

窗台面两头要宽出来，前面也探出来几厘米，即实际窗台宽度比窗台下墙的厚度宽，并且最少宽大约 3cm。窗台安装实例如图 2-21 所示。

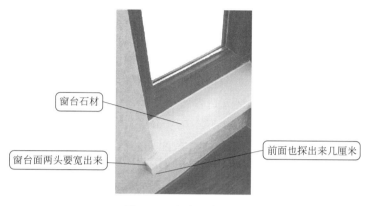

图 2-21　窗台安装实例

　　一般情况下,窗台应尽量做宽一点,以显得漂亮,并便于放花盆等。但是也不能够太宽,以免出现悬空太多、占空间太多等情况。

　　单个窗户的尺寸——一般长度两头应多加 3～5cm,也就是说预留窗台"耳朵"。

　　门连窗的窗台——靠墙一边应设计有窗台"耳朵",靠门边直接包过来即可。

　　L 形窗台——应两边都设计窗台"耳朵"。

2.7.13　青石的特点

　　青石砖常见尺寸与规格为 10cm × 20cm、15cm × 30cm、

20cm×40cm、30cm×60cm 等。有的青石砖是定制的，也就是说其尺寸与规格是定制尺寸。

青石门槛主要用于调整地平面的高度差。例如走廊与厕所间、客厅与厕所间，可以采用青石作门槛，使厕所地平面低一点，从而避免厕所地面水流到其他空间。

人造青石具有质量轻、强度高、耐腐蚀、耐污染等特点，按其材质分为水泥型人造青石、聚酯型人造青石。

青石栏杆主要由柱头、立柱、栏板、地铺石等组成。青石石雕栏杆也可以与其他材料搭配使用。青石栏杆可以用于市政、公园、交通桥梁等护栏工程中。

青石栏杆分为低栏、中栏、高栏等。低栏高 0.2～0.3m，中栏高 0.8～0.9m，高栏高 1.1～1.3m。青石栏杆间距一般为 0.5～2m。

青石栏杆种类有花岗青石栏杆、节间式青石栏杆、连续式青石栏杆等。

磨砂亚光青石可以用于室内、室外环境地面铺装与墙面装饰。毛面青石可以用于铺地石、台阶石等。机刨条纹石青石做铺地可用于城市建设。

青石广场砖是把天然石材加工成小规格石材制成的，主要用于园林道路、广场的外地面铺装。青石广场砖实例如图 2-22

图 2-22　青石广场砖实例

所示。

青石广场砖的种类有正方形青石广场砖、长方形青石广场砖、菱形青石广场砖、六边形青石广场砖、防滑表面青石广场砖等。

青石石亭子是指用青石石头加工而成的亭子，多建于路旁，供行人休息、乘凉、观景用等。青石石亭子一般属于开敞性结构，没有围墙，顶部有六角、八角、圆形等形状。

青石也可以做台阶石，以及墙石、挡土石墙等。

一点通

　　青石与麻石的比较：青石与麻石均属于天然石材。麻石有白麻、灰麻、红麻等种类。青石颜色主体为青色。常见的青石还有青砂岩。

　　青石与花岗石的比较：青石属于石灰岩，属于沉积岩类，青石硬度较低。花岗石属于火成岩，花岗石硬度高。

2.7.14　门槛石的特点

门槛就是一个区域过渡到另一个区域，主要起到空间过渡作用。门槛石用于门两边区域的过渡。有的门槛石还起到挡风挡水、固定门框等作用。门槛石的应用实例如图 2-23 所示。

门槛石需要考虑实用性，以及美观性。门槛石可以分为厨房门槛石、房间门槛石、卫生间门槛石、过道门槛石、落地窗阳台门槛石、大门门槛石等。门槛石的特点见表 2-29。

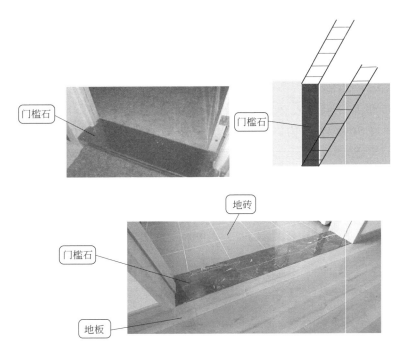

图 2-23　门槛石的应用实例

表 2-29　门槛石的特点

名　　称	特　　　点
厨房门槛石	厨房门槛石,一般有一边磨边,并且门槛石比厨房里面高出大约15mm,以防厨房的水流出去。如果厨房地面设置了坡度,则厨房门槛石高出的高度可以根据实际情况调整
大门门槛石	大门门槛石,一般有一边磨边,并且门槛石比房里面高出约15mm,以防门口漏光与进风
房间门槛石	房间门槛石,一般木地板这边采用R3圆边收口,另外一边跟地板砖平口即可

续表

名　　称	特　　点
卫生间门槛石	卫生间门槛石,一般有一边磨边,并且门槛石比卫生间里面高出约15mm,以防卫生间的水流出去。如果卫生间地面设置了坡度,则卫生间门槛石比卫生间里面高出的高度可以根据实际情况调整
阳台门槛石	阳台门槛石,一般有一边磨边,并且门槛石比阳台里面高出约15mm,以防阳台的水往房屋里面流。如果阳台地面设置了坡度,则阳台门槛石比阳台里面高出的高度可以根据实际情况调整

选用大理石门槛石时需要根据设计要求选择好相应的颜色。应用时,需要考虑好卫生间的墙砖的厚度与通道或地面接触是否需要高出收口,厚度、宽度的尺寸是否需要加大,是否需要做防水防护处理,是否需要加钢筋加固石材等。

2.7.15　石材线装的特点与选择

石材线装是石材制品的一种,主要包括角线、平线、弧线等。石材线装具有图案花纹多、表面光洁、立体感强、保温隔声、隔热防潮等特点,其在一些欧式等装饰风格中应用较多,视觉效果美观豪华。石材线装原料往往为花岗石石材荒料、大板等。

石材线装主要安装在天花、天花板与墙壁的夹角位置。

石材线装的相关要求见表 2-30。

表 2-30　石材线装的相关要求

方　　法	解　　说
图案花纹深浅	一般石材线装的图案花纹制作精细、凹凸有致。安装后,能够保持立体感

续表

方　　法	解　　说
表面光洁度	一般石材线装具有图案花纹,表面光洁度高。因此,安装时不能再进行磨砂等处理。为此,表面细腻、手感光滑的石材线装安装后的效果要好。表面粗糙、不光滑的石材线装安装后的效果给人粗制滥造的感觉
石材线装的厚薄	石材线装系气密性胶凝材料,具有一定的厚度,才能够保证其分子间的亲和力达到最佳程度。如果石材线装过薄,则使用年限短,也影响其使用的安全

第3章

石材的设计与排版拼花

3.1 石材的设计、搭配与排版

3.1.1 饰面石材的设计要求

饰面石材是很多装饰型石材的统称，其设计的有关要求如下。

（1）石材饰面所用材料要符合相关标准要求。

（2）天然石材饰面的设计，一般应注意石材纹理的走向。

（3）天然石材饰面的设计，一般应绘制石材加工图、石材拼贴图。

（4）同一工程项目采用的天然石材应尽量选用同一个矿源的同一层面的岩石。

（5）同一工程项目采用的同一名称的天然石材的颜色、花纹可能有较大差异，选材时宜以大块样板为准。

（6）必须进行二次蓄水试验的室内外地面，以及卫生间、室内外泳池等用水频率较高的场合，一般不宜选用天然石材，以免出现锈斑、泛碱、水渍等现象。

（7）地面用石材应涂刷石材表面保护剂，以便延长石材的使用寿命，并且要根据石材的种类、部位、功能要求等来选用不同的保护剂。

（8）石材楼梯应选择抗折性能好、耐磨性好、吸水率低的石材。

（9）石材楼梯踏步面板、踏步面板边缘的厚度不宜小于30mm，并要有防滑设计。

（10）石材饰面板在抗震缝、沉降缝等变形缝处的设计，应保证变形缝的变形功能并符合饰面的完整性、美观性等要求。

（11）重要工程的石材铺设，工厂要根据设计图编号加工，并根据设计进行预拼、对纹、选色、校对尺寸等。

（12）花岗石镜面板不宜用于室外地面、台阶等处。

（13）大理石一般不宜用于室外、与酸有接触的部位等。

（14）地、墙、柱面选用不耐污染的洞石、砂岩、文化石等石材时，一般应涂刷石材保护剂。

（15）地面选用洞石类板材时，一般除了要涂刷保护剂外，还需要在涂刷保护剂前，用石材专用胶补洞。

3.1.2 大理石拼花与瓷砖拼花的区别

大理石拼花与瓷砖拼花的区别如图 3-1 所示。

3.1.3 石材拼花简述

石材拼花不仅可以实现地面的基本功能，而且改善建筑空间环境、丰富建筑空间的装饰风格。因此，石材拼花是石材设计、施工中必须重视的项目。

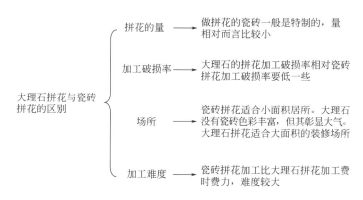

图 3-1　大理石拼花与瓷砖拼花的区别

　　石材拼花，可以指石材的整体搭配、拼组与排布，又有的专指"带花的石材"或者"带花石材的拼组"。广义上，石材的拼组包括了石材拼花。石材拼花从加工制作与施工铺贴的角度来看，有时候会存在差异。

　　石材拼花的分类见表 3-1。

表 3-1　石材拼花的分类

依　据	分　类
安装区域	根据安装区域来分类：玄关拼花、卫生间拼花、客厅拼花、餐厅拼花、大堂拼花、客房拼花、楼梯拼花、踏步拼花、休息厅拼花、咖啡厅拼花、钢琴吧拼花等
产品	根据产品来分类： 实心柱拼花——在实心柱表面上制作拼花，以增加柱子产品的美观度，使柱子不乏味、单调。实心柱拼花又可以分为实心方柱拼花、正多边形柱拼花等种类。 拼条——宽度小于 300mm，用于波打线的一种拼花。 板材拼花——用板材加工的一种拼花，有平面式拼花、三维立体式拼花

续表

依　据	分　　类
产品	浮雕式拼花——浮雕式拼花是集拼花艺术与浮雕艺术为一体,也就是具有浮雕效果的一种三维立体拼花,其属于石材产品中的高档艺术品。 　　马赛克拼花——在马赛克上加工的一种拼花。 　　立体拼花——在板材表面的垂直方向有变化的一种三维拼花。 　　圆弧板拼花——在圆弧板上加工的一种拼花
几何外形	根据拼花的几何外形来分类:圆形拼花、椭圆形拼花、长方形拼花、正方形拼花、扇形拼花、正多边形拼花等
加工材料	根据加工材料来分类:大理石拼花、花岗石拼花、人造石拼花、混合材料拼花。 　　其中,混合材料拼花就是由不同材料共同加工成的拼花。混合材料拼花有大理石+花岗石拼花、人造岗石+人造石英石拼花、大理石+金属拼花、大理石+人造石拼花、大理石+瓷砖拼花、大理石+贝壳拼花等种类
加工工艺	根据加工工艺来分类:有缝加工工艺拼花、水刀机拼花、无缝加工工艺拼花、手工拼花等
加工难度	根据加工难度来分类:简单难度拼花、一般难度拼花、中等难度拼花、高难度拼花
加工设备与工艺	根据加工设备与工艺来分类: 　　手工拼花——纯粹依靠手工下料加工而成的一种拼花。 　　单切机或桥切机拼花——单切机或桥切机切割拼花配件,由人工加工而成的一种拼花。 　　曲线机拼花——曲线切割机切割拼花配件,由人工加工而成的一种拼花。 　　水刀机拼花——水刀机切割拼花配件,由人工加工而成的一种拼花

续表

依　据	分　类
拼花表面形式	根据拼花表面形式来分类： 光面拼花——拼花表面光度高于 80°的一种拼花。 粗面拼花——拼花表面平整、粗糙，经烧面或剁斧或酸洗或钢刷面或喷砂面或水冲面或用板岩加工的一种拼花。 亚光面拼花——拼花表面光度低于 60°的一种拼花。 树脂面拼花——表面做过树脂面处理的一种拼花。 镜面拼花——拼花表面做过镜面处理，光度高于 90°以上的一种拼花
拼花产品的用途	根据拼花产品的用途来分类： 桌面、家具台面拼花——为了提高家具的装饰档次、艺术性，有的家具台面采用了石材拼花。 拼花家具——在家具上制作各种拼花，提高家具的观赏性。 拼花壁炉——把壁炉的门楣、腿制作成拼花，以便增加壁炉的艺术性。 地面拼花——用于地面装饰的拼花，例如商场地面、宾馆地面、酒店大堂地面、家庭客厅地面、电梯厅等场所地面。 墙面拼花——墙面拼花多用于背景墙面、酒店大堂、宾馆等的墙面处。马赛克拼花是墙面拼花应用最多的一种

3.1.4　石材拼花加工制作的主要步骤

石材拼花加工制作的主要步骤如图 3-2 所示。其中，选料对颜色、纹路、少石材缺陷等均有要求。

绘制模具 → 准确选料，开料预宽 → 磨合，分组粘拼 → 调色渗缝，加固 → 打磨抛光

图 3-2　石材拼花加工制作的主要步骤

3.1.5　石材花纹的类型与特点

石材花纹的类型与特点见表 3-2。

表 3-2　石材花纹的类型与特点

类　型	特点解说
粗花纹与 细花纹	(1)石材采用变径形花纹,会使人感到生硬。 (2)石材采用粗花纹为主导,细花纹做次要方向求得存异、反衬,可提升感染力。 (3)石材采用单体粗壮花纹,使人感到粗壮有力。 (4)石材采用弧形花纹,具有饱满感、柔和感。 (5)石材采用抛物线形花纹,具有速度感、现代感。 (6)石材采用粗而密的直花纹,显得粗壮、笨拙、坚固,有空间缩小感。 (7)石材采用粗而稀疏的直花纹,显得粗犷、刚直、豪放,有空间扩大感。 (8)石材采用细而密的直花纹,给人华丽辉煌感、精致感、细腻感。 (9)石材采用细直纹、纹间距稀疏的花纹,显得单薄、细小、敏锐、脆弱,装饰的空间使人感到敞亮、有扩大感。 (10)石材采用细形花纹,使人感到精致、单薄。 (11)石材采用折线式粗、细纹组合花纹,具有节奏感、艺术变幻感、空间立体感等。 (12)石材采用折线纹与曲线构成类似的折线状花纹,可增加图案的艺术性、圆滑性,使人感到活泼、神秘、不安定。 (13)石材采用折线纹与直线构成的折线状花纹,具有规律性感
点状花纹	(1)大多数石材晶粒结构的排列是比较有规律的,装饰性强。有些石材上的斑点、斑块形状变化、形式变化无规律。 (2)点状花纹,有的可以在无规律的石材上制作。 (3)石材制品的表面上,点状花纹所构成的面积有大有小,颜色、形状、形象性也不完全相同。 (4)单点花纹,可以产生强调某一位置、控制中心的效果。 (5)有序排列的多个小型点花纹,能够使空间显得安静、秩序井然、具有方向性。 (6)散点、群式花纹,能够使饰面显得无方向感,使人产生消极空间的联想。但是,该类花纹能够与饰面融为一体

类 型	特点解说
花纹走向	（1）倾向花纹 ①如果地面饰面中采用锐角形分格线时,则具有深远感、透视感。 ②如果石材饰面板材表面花纹呈现倾斜形状,或者直线类形状的花纹改做倾斜安装,则具有很强的方向性、有律动感,可增强空间活跃的气氛。 ③如果饰面使用断续形骨骼花纹,会使饰面产生流动感。 ④如果饰面使用对称法构成的三角形,则具有向外扩散、上升感。 ⑤如果饰面中使用了许多垂直方向或水平方向的花纹,并且在这些花纹间增加一些斜向花纹,则具有调节、软化直线氛围的效果。 ⑥如果装饰墙面采用钝角分格,则可开阔视野,使空间感觉扩大增高 （2）直线花纹 ①墙面设计采用直向花纹,可增加空间的高耸感、明朗感。 ②地面饰面设计采用直线花纹,当花纹的走向为顺着地面长度方向,则地面会显现出纵深感。 ③地面饰面设计采用直线花纹,当花纹的走向为与地面长度方向垂直,则地面会显得宽阔。 ④运用适合空间尺度的尺寸将地面分格处理,除会有纵深感或宽阔感外,还具有变幻效应感。 ⑤界面划分时,选用直线花纹,则具有明显的条理性、流动感、韵律美。 ⑥墙面饰面设计采用直线花纹做水平方向的延伸,会显得宁静、平稳,使空间高度在视觉上变矮

3.1.6 石材拼花图案的类型与特点

（1）连续形花纹图案 石材连续形花纹图案的特点体现在图案的连续性上，因此，会给人一种流动感。

石材连续形花纹图案有一方连续图、二方连续图、四方连续图等种类。二方连续图就是用一个或两个基本形组合成一个单元式样的花纹，在上下或左右重复排列的一种石材连续形花纹图案。四方连续图就是用一个或两个基本形组合成一个单元式样的花纹，根据秩序向四面做反复排列的一种石材连续形花纹图案。

其实，石材连续形花纹图案的类型也就是石材连续形花纹图案重复出现的次数。另外，有的石材中，可能存在两种或者两种以上的单元连续形花纹图案。有的石材中，单元连续形花纹图案只是局部出现。因此，石材连续形花纹图案又可以再细分。

石材连续形花纹图案图例如图 3-3 所示。

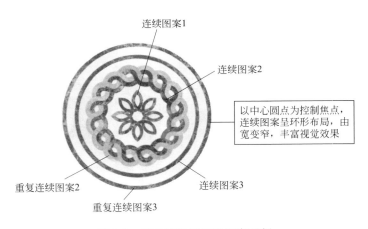

图 3-3　石材连续形花纹图案图例

（2）交错形花纹图案　石材交错形花纹图案的特点体现在图案的交错性上，也就是单元图案互相错开，达到隐现、大小、长短、宽窄、明暗等对比。石材交错形花纹图案往往需要采用重复、穿插、点缀、交错、对称、变格等变化手段来实现。

石材交错形花纹图案图例如图 3-4 所示。

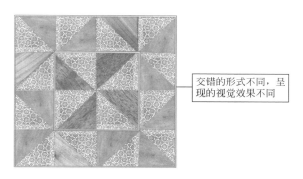

图 3-4　石材交错形花纹图案图例

（3）自然形状花纹图案　石材自然形状花纹图案的特点体现在图案的无规律、自然状态。石材自然形状的花纹图案往往需要根据其线条特点、形状、方向性来布设。

石材自然形状花纹图案图例如图 3-5 所示。

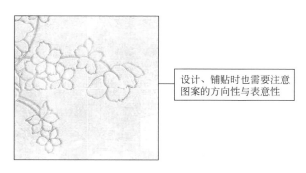

图 3-5　石材自然形状花纹图案图例

（4）发射式花纹图案　石材自然形状花纹图案的特点体现在图案为一定形式的发射状态。发射状态的中心，可以是点，也可以是块，还可以是圆形等。发射状态的线条，可以是直线式，也可以是曲线式，还可以是其他形式的。

石材发射式花纹图案具有强烈的视觉感。石材发射式花纹图例如图 3-6 所示。

图 3-6　石材发射式花纹图例

（5）平面立体形效果花纹图案　石材平面立体形效果花纹图案的特点体现在石材图案呈现立体化的视觉效果。为此，该类石材花纹图案往往采用凹凸、多焦点、重叠法、浮雕法、渐变形式、发射形式、密集形式、色彩对比等形式来实现。

采用石材平面立体形效果花纹图案，往往很具有视觉感染力、冲击力。

（6）渐变形式花纹图案　石材渐变形式花纹图案的特点体现在花纹图案颜色的色差渐变，或者明度渐变，或者线条渐变等。总之，石材渐变形式的花纹图案，总有一个或者几个图案元素在渐变。

渐变形式的花纹图案往往具有节奏感、创新感、灵动性。

（7）形状密集式花纹图案　石材形状密集式花纹图案的特点体现在花纹的密集程度高，具有统一感、整体性等效果。

石材形状密集式花纹图案，根据密集的元素，可以分为点密集、线条密集、图形密集等。

（8）石材突变形花纹图案　石材突变形花纹图案的特点体现在图案元素之间存在某种突变现象，从而打破了原有的连贯性趋势。

石材突变形花纹图案往往会增强石材的艺术性、凸显新奇感。

3.1.7　石材的拼组与排版

3.1.7.1　石材的拼组与排版简述

石材的拼组与排版，对于施工而言就是指将加工出来的石材，根据施工铺贴平面图的要求，在实际铺贴区域各部位逐一排列铺贴的施工作业；对于设计而言，就是根据石材的铺贴空间与设计美学要求进行铺贴设想，以便施工作业与现场效果的规划与实现。

石材拼组与排版效果的好坏，会关系到石材的整体铺贴装饰效果。石材拼组与排版效果实例如图 3-7 所示。

图 3-7　石材拼组与排版效果实例

大型石材的拼组与排版，首先需要考虑花纹图案，也就是首先要把拼花考虑好，以拼花的拼组与排版为重中之重。

没有花纹图案的大型石材，与小型无图案薄板石材拼组与排版差不多。小型无图案薄板石材拼组与排版可做成方格形、毛呢形、补位形、风车形、菱形、砖形、跳房子形、阶段形、走道形、网点形、六边形、编篮形、人字形等。也就是说，有的石材的拼组与排版方式与瓷砖的拼组与排版方式差不多。

一些石材颜色单一、纹理少，每块石板的接缝也会非常清晰。如果接缝较大，则往往会削弱石材平面的效果。因此，拼组与排版时，需要控制好接缝的宽窄，以免影响美观。

浅色石材，可以考虑选择大板石材来拼组与排版，从而可以减小整个表面接缝所占的比例。

颜色与纹理较明显的石材，则可以考虑选择小板石材来拼组与排版，从而使得石材板结合形成一个统一的整体。

3.1.7.2　石材的拼组与排版的技巧及注意事项

石材的拼组与排版的技巧及注意事项如下。

（1）选用石材时能够使人感到稳健、大气、厚重，应体现出其"能压得住台"的霸气。石材的搭配，除要重视石材自身的花纹、颜色外，还需要注意石材与整体格调的搭配、拼花排版的效果。

（2）根据现场颜色分色拼组排版时，颜色要基本一致，并且要过渡自然，整体外观、颜色应无差异。

（3）根据现场颜色分色拼组排版时，首先要保证轴位置、主立面颜色一致，颜色稍有差异的设计应用在轴位置的次立面、转角处、高楼层处等。

（4）定制加工的石材，应附设计平面图、加工尺寸清单，并要求将各个部位的尺寸逐一写在石材产品的侧面，并且还要求注明部位、轴位置、箱号。

（5）采用表面染色石材，需要保证染色后整个石材部位颜色无差异、效果好，石材拼组与排版实例如图 3-8 所示。

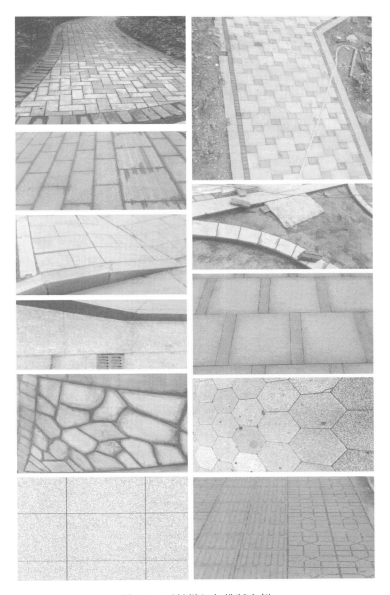

图 3-8　石材拼组与排版实例

（6）有纹路的石材（也就是追纹石材）拼组排版时，需要考虑好石材之间的纹理对接。

（7）拼组排版追纹石材时，注意上一块石材的尾端与下一块石材的首端纹理要对接上，以体现出追纹效果，达到纹理对接。纹理有直纹、斜纹等类型。纹理有方向性的，拼组排版时，一定要考虑好左高右低还是右高左低，并注意方向水平线等特征要求。

3.2 石材的设计要点

3.2.1 石材在设计风格中的应用

石材在设计风格中的应用如图 3-9 所示。

3.2.2 石材电视背景墙的设计

电视背景墙设计采用石材，尤其是采用大理石，可以大幅度提高家居装修的品位与档次。为此，石材电视背景墙的设计尤为重要。

石材电视背景墙的设计技巧、要点如图 3-10 所示。

3.2.3 楼梯石材的设计技巧、要点

楼梯在建筑物中主要作为楼层间垂直交通用的构件。楼梯可以用不同的材质制作而成，其中石材楼梯是其中的一种。其

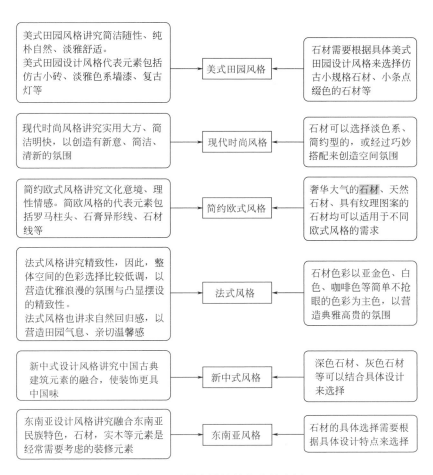

图 3-9　石材在设计风格中的应用

他类型的楼梯，有的也需要楼梯石材来配合实现。

楼梯一般由连续梯级的梯段、平台、围护构件等组成。楼梯的最低与最高一级踏步间的水平投影距离为梯长。梯级的总高叫做梯高。

设计石材电视背景墙，需要注意纹路的
协调与配合，使花纹图案完美呈现

石材电视墙一定要与
整体家居风格相适应。
清新淡雅型装修设计
风格，可以选择淡色
大理石简约型装修设计
风格，可以选择带有
细碎花纹或者淡色纹
路的石材

超前的设计风格，可以选择深色大理石
典雅庄重设计风格，可以选择配有雕刻花纹或细小配饰的石材

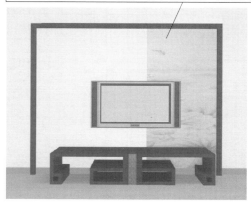

图 3-10　石材电视背景墙的设计技巧、要点

楼梯石材的设计技巧、要点如下。

（1）楼梯的设计，要注重楼梯的安全性、观赏性、舒适度。

（2）室内楼梯楼层高度与参考踏步格数见表 3-3。

表 3-3　室内楼梯楼层高度与参考踏步格数

楼层高度/cm	231～253	252～276	273～299	294～322	315～345
参考踏步格数	10＋1	11＋1	12＋1	13＋1	14＋1

（3）公共建筑的梯段净宽除了考虑防火规范要求外，还需要考虑人流量。

（4）踏步前缘部分宜设计防滑措施。

（5）楼梯坡度的确定，需要考虑到行走舒适、攀登效率、空间状态等因素。室内楼梯的坡度一般以 20°～45°为宜，最好的坡度大约为 30°。

楼梯石材的设计技巧、要点如图 3-11 所示。

楼梯有很鲜明的指向性，因此，进门处的楼梯不宜直接指向通往卧室区的走廊。
石材楼梯的坡度，不宜过陡。
石材楼梯的台阶高度，不宜忽高忽低。
石材楼梯的台阶高度一般以15cm为宜。如果台阶高度超过18cm，则登楼梯时会感觉累

图 3-11　楼梯石材的设计技巧、要点

3.2.4 青石栏板的设计技巧、要点

青石栏板一般是长形的、连续的石材构筑物。青石栏板一般按单元来制造、施工安装。青石栏板实例如图 3-12 所示。

图 3-12 青石栏板实例

青石栏板的设计技巧、要点如下。

（1）青石栏板的设计要考虑构图漂亮、整体美观、连续重复、有韵律美感、与周边环境相协调。

（2）青石栏板应选择坚固、耐久的材料，要能承受荷载规范规定的水平荷载。

（3）临空高度在 24m 及 24m 以上时，青石栏板设计高度不应低于 1.1m。

（4）临空高度在 24m 以下时，青石栏板设计高度不应低于 1.05m。

（5）青石栏板的立杆净距，一般不大于 1100mm。

（6）设计采用的青石栏板离楼面或屋面 0.1m 高度内一般不宜留空。

3.2.5　石桌石凳在园林环境中的布置设计

石桌石凳不仅可以提供休息的场所，还能起到组景、点景的作用。

石桌石凳在园林环境中的布置设计技巧、要点如下。

（1）可将石桌石凳靠近园林甬道、活动场所的边角，不阻碍行人活动，石凳实例如图 3-13 所示。

图 3-13　石凳实例

（2）石桌石凳布置在庭院灯下，方便晚上人们利用灯光娱乐休闲。

（3）石桌石凳布置的位置，往往为园林中的特色地段。

（4）不便于安排的零散地块，也可布置几组石凳加以点缀。

（5）大范围组景时，也用石凳来分割空间。

（6）不同的石雕凳子可产生不同的情趣，达到组景与环境的协调的目的。

（7）布置石条凳时，需要注意当人坐在石条凳上时，应背向绿地，而不是背向大路，石条凳实例如图3-14所示。

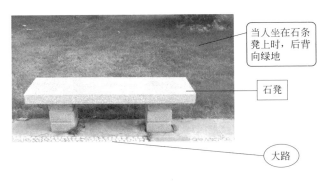

图 3-14　石条凳实例

（8）石桌石凳应避开楼房，以防阳台落物伤人。

（9）石桌石凳的布置要与植物栽植结合起来，尽量考虑夏季可以遮阴，冬季可以晒太阳。

（10）石桌石凳整体布置要均匀、局部布置要集中。整体布置均匀防止有凳无人坐，有人无凳坐的情况。石桌石凳实例如图3-15所示。

（11）石桌石凳周围，往往会丢弃果皮、纸屑等废弃物。因此清洁要求高的场所不宜布置石桌石凳。

（12）一些大的活动场所，石桌石凳可以成组设置，以便于人们活动、交流。

（13）石桌石凳布置的地方应考虑人们活动方便，如图3-16所示的图例就是考虑不周。

图 3-15 石桌石凳实例

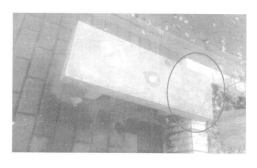

图 3-16 布置不周的石桌石凳

（14）石桌石凳布置还应考虑安装合理、正确，如图 3-17 所示的实例就是安装不合理、不正确。

图 3-17 安装不合理、不正确的石桌石凳实例

第4章
——
石材的铺贴施工安装

4.1 石材铺贴简述

4.1.1 石材拼花的施工

石材拼花施工流程如图 4-1 所示。首先拉好安装起始点的十字控制线，才能够开始安装。铺拼花石材时，需要根据试拼时的石材编号、石材图案、试排时的缝隙在十字控制线交点铺贴。如果石材板块间缝隙无设计要求，则不应大于 1mm，具体还需要根据美观度来调整。

石材板块铺砌后 1～2 昼夜即可以进行灌浆擦缝。擦缝时，可以根据石材颜色，选择相同颜色的矿物颜料与水泥均匀拌和，并且调成 1:1 的稀水泥浆，然后用浆壶慢慢灌入石材板块间的缝隙中，再用长把刮板把流出的水泥浆刮入缝隙内，直到灌满即可。灌浆 1～2h 后，再用棉纱团蘸原稀水泥浆擦缝，与石材板面擦平，并把石材板面上水泥浆擦净。石材拼花施工后，石材面层应覆盖养护，养护时间一般不小于 7d。

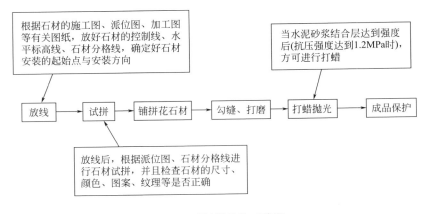

图 4-1　石材拼花施工流程

一点通

石材拼花施工起铺点确定要点如下。

（1）应尽可能地把石材的起铺点确定在施工区域的中心，这样方便把非整块石材安排在墙脚等隐蔽部位。

（2）根据施工区域拉的十字控制线，在施工区域的中心纵横各铺一行，以此作为大面积铺贴的"基准"。

4.1.2　石材的湿贴

4.1.2.1　石材湿贴施工的准备

石材湿贴施工的准备工作见表 4-1。

表 4-1　石材湿贴施工的准备工作

项　目	解　说
材料准备	砂——常用中砂或略微粗的砂子。使用前,根据要求过筛。 生石灰粉——常需要过 0.125mm 孔径筛。使用前,用水浸泡使其充分熟化,熟化时间一般大于 7d。 石板材——根据设计要求,确定品种、颜色、花纹、尺寸规格。石板材有关性能、检验等需要符合有关规定的要求。使用前,应试拼、编号。安装施工时,则应按编号就位湿贴,不得调换位置湿贴。 水泥——常用标号为 32.5 或 42.5 的普通硅酸盐水泥、标号为 32.5 的白水泥。水泥均应有复验单、合格证,并且符合有关规定。 石灰膏——常用生石灰块淋制,并且根据要求过筛,熟化时间应达到要求。 其他相关材料——挂件、108 胶、钢丝等
施工机械设备与主要机具准备	机械设备——砂浆搅拌机、混凝土搅拌机、小型空压机等。 主要机具——电动锯石机、磨光机、水平尺、手提式冲击钻、橡皮锤、靠尺板、嵌灰工具等
作业条件准备	结构经检查验收、各专业工种施工完毕、电源水源等备好、石材设计要求已经备齐、检测合格、施工交底完成等

4.1.2.2　石材湿贴施工操作

石材湿贴施工操作的主要流程如图 4-2 所示。

基层处理实例如图 4-3 所示。

4.1.3　地面石材的铺贴

地面石材的铺贴施工(以铺花岗石板为例)见表 4-2。

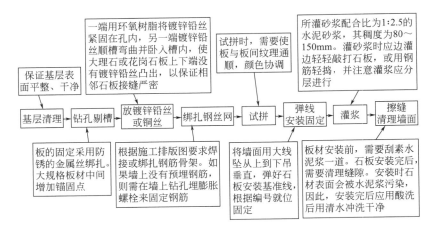

图 4-2   石材湿贴施工操作的主要流程

图 4-3   基层处理实例

表 4-2   地面石材的铺贴施工（以铺花岗石板为例）

项　　目	解　　说
材料准备	(1)检查石材品种、规格、尺寸、花色、质量是否达到相关要求。 (2)准备好优质 325 号以上普通硅酸盐水泥、优质白水泥。 (3)过筛、洁净的中粗砂

续表

项 目	解 说
地面石材施工工艺流程	熟悉图纸 ⟶ 弹线 ⟶ 基层清理 ⟶ 铺砂浆 ⟶ 试排 ⟶ 铺花岗石板 ⟶ 清洁
主要步骤解说	(1)熟悉图纸——根据图纸,熟悉材料种类与规格。弄清轴线、柱、伸缩缝等部位间的位置关系。掌握铺装的具体操作工艺。搞懂石材排版的要求。 (2)弹线——弹出互相垂直的控制十字线,以便检查、控制石板块的位置。 (3)基层清理——铺砌石板前,需要将混凝土垫层清扫干净,再洒水湿润,并扫一遍素水泥浆 (4)铺砂浆——根据建筑基准水平线,确定好地面找平层厚度。铺黏结层1∶3的干硬性水泥砂浆,干硬程度以手捏成团不松散为宜即可。铺黏结层砂浆,可以从中间往两边摊铺。摊铺好后再用大杠刮实,然后用抹子找平。砂浆厚度应适当高出水平线确定的黏结层厚度,具体情况需要根据具体工况而定。 (5)试排——根据图纸要求把石板块试排好,并且检查板块间的缝隙,核对板块与板块、板块与挡水、板块与柱等的相对位置是否正确、适合。 (6)铺石板——铺贴施工时,注意留缝要求。铺前先试铺合适后,翻开石板在石板背面上抹一层水灰比为1∶2的素水泥浆,再正式镶铺。安放石板时,应其四角同时往下落,然后用橡皮锤轻击石板上的木垫板,然后根据水平线用水平尺找平。铺贴施工时,方向顺序要正确,发现空隙需要将石板掀起用砂浆补实再铺贴。 (7)灌缝、擦缝——有的石材板块缝隙是采用勾凹缝处理,有的是平缝处理。石板铺贴后7d可以进行擦缝处理。根据石板颜色,勾兑专用擦缝材料进行擦缝。擦缝后需要将石板面清理干净。 (8)清洁——各工序完工不再上人时,则可以进行清洁处理。 (9)地面石材养护——石材铺贴完毕后,需要不少于7d的防护与自然养护

续表

项　目	解　说
细部说明	(1)石材留缝——密贴石材的留缝约 1.0mm。 (2)坡度——根据场地坡度确定石材铺装坡度。 (3)石材伸缩缝——站台石材伸缩缝为 6～8mm。有的场所石材伸缩缝可以采用硅酮耐候建筑胶填满

地面石材的铺贴施工实例如图 4-4 所示。

图 4-4　地面石材的铺贴施工实例

4.1.4　人造石地面铺贴施工安装

人造石地面铺贴施工安装，是将多种不同材料组合到一起。施工安装质量不仅与施工过程有关，也与各材料的性能有关，还与材料间的匹配相关。

　　人造石地面铺贴施工安装方法有硬底薄层施工法、软底施工法、石材胶软底施工法等。其中，软底施工法主要用于基层平整度较差、基面抗拉强度不足、基面抗剪强度不足、需要使用半干湿找平砂浆进行铺贴等情况。软底施工法施工层次图解如图 4-5 所示。

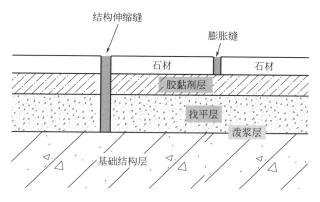

图 4-5　软底施工法施工层次图解

　　当基层具有结构强度足够、平整度较好、干净、具有一定抗剪强度等特点，则可以采用硬底薄层施工法。硬底薄层施工法施工层次图解如图 4-6 所示。

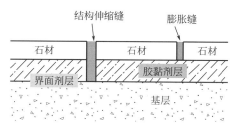

图 4-6　硬底薄层施工法施工层次图解

石材胶软底施工法施工层次图解如图 4-7 所示。

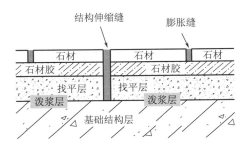

图 4-7　石材胶软底施工法施工层次图解

4.1.5　石材与木板等材料同铺的衔接

一些装修工程的地面，会存在石材与木板等材料同铺的现象，其中的衔接有不同的施工处理工艺。石材与地板接缝衔接施工处理工艺见表 4-3。

表 4-3　石材与地板接缝衔接施工处理工艺

类型	特　　　点
7 字条衔接	采用 7 字条对地板的尽头端做缝隙处理,从而实现与石材缝隙的衔接
高低扣衔接	如果石材与地板标高不同,则可以采用高低扣来衔接
平压条衔接	平压条可以用于遮盖处于同一水平高度的石材与地板缝隙的衔接

石材与地板接缝衔接的实例如图 4-8 所示。

石材与地板接缝衔接施工处理

图 4-8　石材与地板接缝衔接的实例

4.2　各类石材与砖的施工

4.2.1　路沿石材的施工安装

　　路沿石也叫做路边石、道牙石、路牙石，其一般是用石料开切或者混凝土浇注成型的条块状建筑用材料。路沿石主要用于路面边缘、绿地、隔离带、车行道、人行道等的界石，起到保障交通安全、保证路面边缘整齐、隔离等作用。路沿石实例如图 4-9 所示。

　　目前，路沿石常采用花岗石等材质制作。采用水泥混凝土的路沿石，则其强度不宜低于 30MPa。路沿石的要求见表 4-4。

图 4-9　路沿石实例

表 4-4　路沿石的要求

项　　目	要　　求
路沿石垂直度	有足够的埋置深度、合适的背后支撑、填土要夯实
路沿石缝宽、顶面高差	缝宽要小、顶面高差也要小
路沿石直顺度	直顺,并且偏差小
坡道路沿石	用料要规范,符合设计要求
转角路沿石	小半径转角的路沿石宜做成曲线形,并且应与设计转弯半径一致

路沿石施工要求与要点如下。

（1）路沿石侧平石的尺寸、光洁度需要满足设计的要求。

（2）路沿石侧平石外观要美观。

（3）弯道部分的侧石一般采用专门加工的弯道石，图例如图 4-10 所示。

图 4-10　弯道部分路沿石实例

（4）弧形侧石一般应采用人工精凿后进行抛光处理。

（5）路沿石一般需要挂通线施工。

（6）按路沿石侧平面顶面示高标线绷紧，并且需要按线码砌侧平石。侧平石应安正，不得前后错开。侧面顶线应顺直、圆滑、平顺，不得高低错牙。

（7）平面应无上下错台、内外错牙等异常现象。

（8）路沿石一般为坐浆砌筑，并且要求坐浆密实，不得塞缝砌筑。

（9）路沿石接缝处错位一般不超过 1mm。

（10）砌筑弯道石时，应保证线形流畅、圆顺、拼缝紧密。

（11）侧石与平石一般需要在中间均匀错缝。

（12）路沿石后背要还土夯实，夯实宽度与厚度根据设计、具体工况来定。

（13）路沿石勾缝时必须再挂线，并且应把侧石缝内的杂物剔除干净，然后用水润湿，再用 1：2.5 水泥砂浆灌缝填实勾干。

（14）道路中央分隔带、路侧带、车行道与人行道两侧的路沿石，一般宜高出路面边缘 10～20cm。道路中央分隔带、路侧带、车行道与人行道两侧的路沿石，一般宽度为 10～15cm。

（15）隧道内线形弯曲路段、陡峻路段等位置的路沿石，可以高出路面 25～40cm，并且要保证路沿石有足够的埋深。

（16）路沿石宜采用立式安装。人行道、人行横道宽度范围内路沿石，可以采用斜式安装或平式安装。分隔带端头或交叉口的小半径的位置，一般采用弧形路沿石。出入口路沿石，可以采用斜式安装或平式安装。有的路肩路沿石可以采用平式安装。

（17）安装路沿石的控制桩，直线段桩距一般工程规定为 10～15m；曲线段桩距一般工程规定为 5～10m；路口处桩距一般工程规定为 1～5m。

（18）路沿石可以采用干硬性砂浆铺砌，并且要求砂浆饱满、厚度均匀。

（19）路沿石砌筑要求稳固、缝隙均匀、直线段顺直、曲线段圆顺。

（20）路沿石灌缝，要求密实。

（21）平沿石表面要平顺不阻水。

（22）路沿石背后一般宜浇筑水泥混凝土支撑，并且还土夯实。还土夯实的宽度一般不宜小于 50cm，高度不宜小于 15cm，压实度不宜小于 90%。

（23）路沿石可以采用 M10 水泥砂浆灌缝。灌缝后，一般常温养护不少于 3d。

4.2.2　青石板的施工安装

青石板施工的要求与要点如下。

（1）安装青石板前，需要读懂有关施工图，看懂加工单、材料单，了解各部位尺寸大小，掌握各部位施工工艺，理清边角弧位间的关系。

（2）正式铺贴前应试铺。也就是把青石板根据图案、纹理、颜色拼好，并且做好编号。试铺时，应把非整块的青石板对称地放在边缘部位。

（3）铺装青石板时，需要检查板块间的缝隙，板块与墙面、树池、侧沿石、柱、洞口、平沿石边等部位的相对位置是否正确。

4.2.3　青石栏杆的施工安装

青石栏杆的施工注意事项如下。

（1）青石栏杆构件进场后应验收，不得出现裂缝、隐残、污点等缺陷。品种、质量、加工标准、规格尺寸、标号、色泽等应符合设计有关要求。石栏杆构件的榫长应达到设计要求。青石栏杆异形构件的图案加工与角度控制需要准确。青石栏杆构件上的编号标记完好正确。

（2）青石栏杆施工时，需要注意石纹的走向要符合构件的受力要求：地栿石一般为水平走向；柱子、角柱一般为垂直走向。

（3）转角、楼梯段、弧形或其他异形构件放样下料要符合图纸要求。

（4）石栏杆安装前应做好技术交底工作。

（5）石栏杆的安装应有符合现场情况的施工方案。

（6）石栏杆安装前需要拉线检查复核基础垫层表面标高。如果标高错误，则需要调整。

（7）石栏杆安装前需要看懂图纸有关构件的排列特点与施工要求。

（8）石栏杆安装前应放出石构件的中心线、边线。

（9）石栏杆安装偏差应符合设计等有关要求。

说明：其他石栏杆的安装，可以参考青石栏杆的安装。其他石栏杆的安装效果实例如图 4-11 所示。

图 4-11　其他石栏杆的安装效果实例

4.2.4　洗手台石材的施工安装

洗手台石材的安装施工注意事项如下。

（1）安装洗手台，往往需要采用角铁、定制的铁架等。为此，需要进行防锈处理。

（2）尽量分散洗手台石材的承重，为此，可以在台面下加两条角铁进行加强支撑。

（3）洗手台与水盆处接缝，挡水与墙面处接缝等，应做好收口。塑钢泥、玻璃胶等可以作为收口材料，收口处理应做到均匀、密实。

（4）洗手台应采用复合型水性防护剂做基层防护，然后选用高渗透性氟硅烷防护剂做叠加防护。涂刷前，石材应干净、干燥。涂刷应均匀、足量，并且养护 48h 以上。

4.2.5　石材背景墙的施工安装

背景墙采用石材，具有美观、大气等特点。常见的背景墙有电视背景墙、沙发背景墙等。电视石材背景墙属于高档背景墙，往往会成为居室的焦点。

石材背景墙要考虑电视、音响等设备的类型与布置要求。石材背景墙的装修风格，要配合整套居家风格。

电视墙有空墙安装法、活墙安装法、家具包围法、支架安装法、镂空安装法等。

石材背景墙常需要预埋挂件、预埋 PVC 管、预埋暗盒等。因此，需要读懂有关图纸。

石材背景墙材质多种多样，大理石是常见的一种。大理石电视背景墙主要有三种固定方式：水泥固定、木板固定、石材固定。不同的固定方式，钻孔方法也不同；电线预留的管路位置、螺丝预留孔洞精确度也存在差异。

大理石电视背景墙的施工工艺见表 4-5。

表 4-5 大理石电视背景墙的施工工艺

项　　目	解　　说	
基层处理	石材背景墙的安装,往往先要对墙面基层进行处理:基层墙面清理干净,不得有浮土浮灰;找平且涂好防潮层	
龙骨的安装固定	石材背景墙可以采用钢材龙骨,以便降低石板对墙面的影响与提高石材背景墙的整体抗震性。安装固定龙骨,一般应按图样进行。常见的工序有:在墙上钻孔埋入固定件、龙骨焊接墙体固定件、支撑架焊接龙骨等。龙骨安装的一般要求为:牢固、与墙面相平整等	
石材的安装	(1)背景墙的石材安装,应拉好整体水平控制线、垂直控制线。 (2)背景墙的石板必须安装在支撑架上。有的工艺是先固定石材的下部凿孔,然后插入支撑架挂件,再微调锁紧固定石材上部与侧边,然后连接空位锚固剂加固板件	
石板的嵌缝工艺	背景墙的石材装好后,板间的缝隙可以采用黏合处理:先清理干净夹缝内的灰尘杂质,然后在缝隙处填满泡沫条,再在石板边缘贴上胶带纸(以防粘胶污染大理石表面),然后打胶(要求胶缝光滑顺直)	
施工的注意事项	(1)施工时,一定要拉控制线,以便确定石材的水平线、垂直线等控制要求。 (2)石材开槽一般应根据挂架位置来确定。 (3)石材安装时,墙壁应干燥。 (4)石材安装应有施工组织计划。 (5)大理石在裁切、搬运、施工等过程中,可能会产生一些碰撞或者存在天然瑕疵,因此,应对大理石背景墙进行养护,对大理石的瑕疵进行补整	

4.2.6　楼梯石材的施工安装

楼梯石材的安装准备见表 4-6。

表 4-6　楼梯石材的安装准备

项　目	解　说
材料的准备	(1)石块的品种、规格、形状、质量需要符合有关设计、规范的要求。 (2)一般工程选择 325 号普通硅酸盐水泥即可。 (3)一般工程选择中砂或粗砂
工具、机具的准备	锤子、小水桶、橡皮锤、錾子、水瓢、水平尺、靠尺板、靠尺、云石机、大桶、大杠、中杠、方尺、小线、小铁簸箕、浆壶、扫帚、墨斗等
作业条件的准备	(1)弹好相关线。 (2)挑选好石材,不符合要求的石材应进行修整加工。 (3)根据石材实际尺寸、设计要求,放出石材分块大样。 (4)清扫、湿润垫层。 (5)弹线分格

楼梯石材的安装施工工艺见表 4-7。

表 4-7　楼梯石材的安装施工工艺

项　目	解　说
结构处理	(1)根据具体工程,针对楼梯存在的不同程度的与墙面的垂直偏差、踏步的高低不匀、楼梯段的宽窄误差、休息平台的不方正等情况,进行结构处理。 (2)根据图纸弹好水平线。 (3)找出楼梯第一级踏步的起步位置,找出最后一级踏步的踢面位置,然后弹出两点连线。再根据踏步步数均分连线。然后从各分点做垂线。休息平台处、上下楼梯第一级踏步、踢面应为同一直线位置
基层处理	将地面垫层上的杂物清理干净,垫层上的多余砂浆也需要清扫干净

续表

项　　目	解　　说
楼梯石材铺贴施工	（1）实测各梯段踏步的踏面与踢面的尺寸,根据楼梯段的统一性,确定踏面、踢面石材铺贴后的具体尺寸、加工尺寸。 （2）有的工程是采用两个踏步的踏面夹着踢面的安装方法进行。 （3）石材外露部分端头应考虑好磨光、薄厚的一致性

楼梯石材铺贴实例如图 4-12 所示。

图 4-12　楼梯石材铺贴实例

4.2.7　过门石的施工安装

采用过门石,不仅可增添室内装修的美感,而且还能够实现过渡铺贴材质、分隔空间、挡水等功能。

为了美观、方便,过门石边角需"倒角",也就是将过门石磨一个斜边。

过门石可以采用大理石，也可以采用花岗石。花岗石材质比大理石硬，过门石需耐磨。

如果铺贴地面一侧有石材地面拼花或石材地面圈边线的情况，可以采用近似或相同材质的过门石。

不同房间因使用材料不同或做法有异，可能导致地平面标高不同而产生高差。过门石的铺贴应考虑好地面高差。卫生间过门石还需要考虑用来挡水。厨房过门石还需要考虑用来阻挡一些食物、积水的作用。

一般情况，入户、洗手间与厨房的门口，可以选择过门石，并且过门石要高于地面。

过门石应比卫生间完成面大约高 20mm。过门石应比厨房的完成面大约高 10mm。

如果过门石两边一边是地砖、一边是实木地板，则过门石与地板间应留 4～5mm 的缝隙，并且用铜扣条（或者木扣条）做过桥衔接。

过门石的高差应考虑行动的方便性。

一点通

室内地面铺设的强化复合地板的厚度为 12～15mm（即 8mm 厚地板＋5mm 厚地垫）。

地面贴瓷砖的厚度大概为：水泥砂浆厚度＋瓷砖厚度＋地面流水找坡厚度等。

4.2.8　砂岩浮雕背景墙的施工安装

砂岩浮雕背景墙的安装施工所需要的工具有电钻、冲击

钻、水平尺、十字螺丝刀、卷尺、美工刀、冲击钻头、电钻
头、铅笔、油灰刀等。

砂岩浮雕背景墙的类型与安装步骤见表4-8。不同的广场
石材的施工安装有所差异。广场石材实例如图4-13所示。

表 4-8　砂岩浮雕背景墙的类型与安装步骤

类　　型	安　装　步　骤
大型浮雕的安装步骤（混凝土墙面、12cm 厚以上砖墙）	（1）首先在墙面测量好安装位置，做好记号。 （2）做好水平线。 （3）可以利用钻头打洞，再用螺丝刀或其他硬质材料插入打好的孔洞内做浮雕支撑用。 （4）将浮雕平放在地上，下部用木方支撑。在浮雕表面用相应的电钻钻头钻孔，然后换个电钻钻头沿原孔掏个收缩孔，以便膨胀螺丝头收进去。 （5）钻好孔后，多人抬起浮雕，放入所需安装位置，以及扶好、调整到位。 （6）安装完后，采用补缝剂将原有的螺丝头封口即可。 说明：有轻体结构的墙面，一般要用质量较好的木芯板、角钢进行墙面加固处理
小型拼板的安装（水泥基体墙面、木材板面的安装）	（1）不能在表面有白灰的墙面进行粘贴。如果是有白灰，则应铲掉，露出水泥基体才能够进行粘贴安装。 （2）黏结材料可以采用油性黏结剂、玻璃胶等。 （3）进行预拼，掌握图案搭配、尺寸要求。 （4）确定安装位置，做好标记编码。 （5）确定铺贴顺序。 说明：上述为在 30kg/m² 以下的小型拼板的安装。30kg/m² 以上小型拼板的安装往往需要采用自攻膨胀螺丝

图 4-13　广场石材实例

4.2.9　广场石材的施工安装

广场石材由于铺装面积大，要求每块道板的尺寸偏差要小，对拼缝铺设的要求也高。

常见广场石材铺装的施工要点如下。

（1）对基层进行初找平。

（2）在初找平基层上铺干硬性砂浆。

（3）在干硬性砂浆上满浇一层水灰比为 1:2 的素水泥浆。

（4）石材四角同时下落进行安放。

（5）石材安放后调整石材位置，用大锤（加垫橡胶垫）、木夯配合，锤击石材，使其达到设计高程、平整度等要求。注意锤击过程中应随时调整石材的位置，以保持经纬方向的顺直。

（6）一般要求铺完纵行、横行十字形冲筋后，才可分段、分区依次铺砌。

4.2.10 石材电梯门套的施工安装

常见的石材电梯门套为大理石电梯门套。大理石电梯门套的施工安装见表 4-9。石材电梯门套实例如图 4-14 所示。

表 4-9 大理石电梯门套的施工安装

项 目	解 说
大理石电梯门套的要求	（1）所用石材的种类、大小、性能、等级、色泽、立面分格、花色、花纹、图案，需要符合有关等级标准要求。 （2）石材孔、槽的数量、深度、位置、尺寸，需要符合设计要求。 （3）墙面大理石干挂部件工艺，应符合有关规定。 （4）石材表面与板缝的处理，应符合有关要求。 （5）石材表面应做防碱化，并进行防水处理
大理石电梯门套施工流程	基层处理 → 墙面钻孔剔槽 → 安放镀锌铅丝或铜丝 → 钢丝网进行连接 → 拼装 → 打线 ↓ 验收 ← 检查 ← 清洁 ← 清缝 ← 灌浆 ← 大理石板材安装固定

续表

项　目	解　说
主 要 施 工 步骤	（1）检查石材——检查到场的石材颜色、规格、编号、质量等是否符合要求。 （2）基层处理——包括基层清理、基层找平、基层找规矩、装基层托架、结构套方、弹控制线、弹位置线、弹分块线。 （3）打线——根据尺寸，打好施工线。 （4）安装底层托架——把预先安排好的支托按上平线支在将要安装的底层石板上面。注意石材上下面应处在同一水平面上。 （5）安装连接构件——可以用不锈钢螺栓固定角钢、平钢板，并且调整好平钢板位置，便于固定平钢板与拧紧需要。 （6）安装大理石装饰板材——根据沟槽、构件找好位置，安装大理石装饰板材。安装好大理石装饰板材再调整水平度、调整垂直度。 （7）清理大理石表面——可以用棉丝把石板擦干净
注意事项	（1）安装时，应保证同一门套上石材色泽一致，纹理相同。 （2）安装时，应注意门套的垂直度、平整度。 （3）靠电梯门框边预留 5～8mm，框边四周预留要一致。 （4）安装电梯口门槛石时，电梯框边与地砖大约有 3mm 的坡度。 （5）安装电梯口顶面石材外口应与门框边有大约 2mm 的斜度。 （6）整套安装完成后，应采取成品保护措施，特别注意石材阳角要采用泡沫护角包裹

图 4-14　石材电梯门套实例

4.2.11 橱柜大理石台面的施工安装

橱柜大理石台面的施工安装常见的材料、工具有大理石材料、铁锤、水平线、硅胶黏合剂、卷尺等。

橱柜大理石台面的施工安装要点如下。

（1）用卷尺测量所要安装的台面区域的长度、宽度，并且根据实际情况确定是安装带有水槽的台面，还是水槽与台面分开安装。

（2）把大理石搬到安装区域。

（3）安装区域处理好后，可以开始安装大理石台面。安装好后，测试安装效果。

（4）安装好大理石台面后，接着安装后挡板。挡板应与墙壁紧密结合。

（5）检查没问题后，可以使用硅胶黏合剂。

（6）全部处理完后，静置大约 8h，再检查台面是否均匀固定在橱柜上。大理石台面完全固定后，才能够投入使用。

橱柜大理石台面实例如图 4-15 所示。

图 4-15　橱柜大理石台面实例

4.2.12　青石栏杆现场雕刻与施工安装

石栏杆广泛用于市政、公园、水利、交通桥梁等护栏工程中。石栏杆具有很强的表现力,可雕刻出各种图案。石栏杆的种类有青石栏杆、汉白玉栏杆、花岗石栏杆等。雕刻选择的材料需符合要求。

青石栏杆组合构件由地栿石、下扶手、垫块、栏板、上扶手、立柱等组成。青石栏杆安装施工流程如图 4-16 所示。

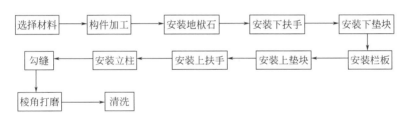

图 4-16　青石栏杆安装施工流程

青石半成品应选择无裂缝、无隐残的青石。

地栿石铺设前,应将基础垫层上的杂物、泥土等清除干净,并且拉通线确定中心线、边线、控制线,然后按线稳好地栿。铺设地栿石,应先坐浆,再按线用撬棍将地栿石点撬找平、找正、垫稳,并且保证内外水平一致。再用大麻刀灰勾缝,然后把石面冲刷干净。

下扶手铺设时,应在地栿表面拉通线确定中心线、边线,并且弹出可见的墨线,以便铺设时对线。下扶手铺设时,应清除地栿、扶手表面的杂质,然后在地栿表面铺薄层净水泥浆,再安装下扶手。

安装栏板的一些要点如下。

（1）栏板安装时，应将板块表面清扫干净。把下垫块根据设计位置要求安装在下扶手上。

（2）栏板安装时，应弹好构件中心线、两侧边线、控制线。

（3）栏板安装时，应注意校核标高、位置。

（4）栏板位置线放完后，应根据栏板图进行安装。

（5）安装时，应首先把基层清理干净，再坐浆，再刷一层水灰比为 1∶2 的素水泥浆。

（6）栏板需轻抬，对准立柱榫槽就位。

（7）栏板安装就位后应校核。如果存在位移，则可以点撬归位。

安装上扶手时，将上垫块根据设计图纸要求安装在栏板上。如果垫块与栏板、扶手间存在较大缝隙，可以采用云石胶灌缝填充。安装时，应将上扶手轻抬对准立柱榫槽就位。

安装立柱时，首先应拉好线，弹好边线、中心线。安装时，柱顶石上的十字线应与柱中线重合。另外，还应将立柱榫头、地栿石的榫槽、榫窝清理干净。然后在榫窝上抹一层水灰比大约为 1∶2 的素水泥浆，厚度大约为 10mm，且在立柱榫槽内塞填水泥浆，再将立柱对准中心线砌上。如果存在竖向偏斜，可以采用铁片进行调整垫平。在安装立柱的过程中，注意随时检查整个柱身的垂直度。如果发现偏斜，则应利用节点活动间隙进行调整，不要用大力敲击进行调整。

如果石料间缝隙很细，则可以在接缝处勾抹油灰或石膏。如果石料间存在较大缝隙，则可以在接缝处勾抹云石胶。勾灰缝应与石构件勾平，不得勾成凹缝，并且灰缝要直顺严实。

安装好青石栏杆后，需要对各部位进行检查，发现有缺棱掉角等缺陷应修补打磨。

栏板、地栿石断开的间距，一般设计图纸上会有要求。伸缩缝两端一般应设立柱。有设计要求应根据设计留设缝宽；如果无设计要求的，则可以参考 50m 留设一道缝宽 3cm 的伸缩缝的标准。

　　青石栏杆构件质量的初步判断，可以用铁锤轻敲仔细听。如果出现"空空"作响声，则说明青石栏杆构件存在隐残。如果出现"咝咝"作响声，则说明无裂缝隐残。

4.2.13 石材马赛克的施工安装

石材马赛克的安装施工要点见表 4-10。

表 4-10 石材马赛克的安装施工要点

项　目	解　　说
基面处理	(1)安装石材马赛克前,应保证安装面基层平整、预留安装位置大于所需铺贴的马赛克厚度 3~5mm。 (2)铺贴前,应做一次全面的清理清洁与处理工作
预铺	(1)安装前,熟悉图纸与要求。 (2)根据施工安装图预铺。如果安装面积较大,则应结合编号示意图拼接。预铺后,应掌握马赛克与安装面现场实际尺寸的协调特点、缝隙特点 (3)在安装面上做好辅助线、标记,以便准确固定每一片马赛克的具体位置

续表

项 目	解 说
铺贴	（1）铺贴时，应用 2～3mm 的锯齿抹刀将黏合剂均匀涂抹在基层上，厚度为 3～5mm。 （2）根据图纸把单片的马赛克缝隙对齐，放在梳理好的黏合剂上。 （3）两片马赛克间的缝隙，应与每片马赛克上小粒间的缝隙大体一致。 （4）然后把平整的厚木板垫在马赛克表面上，用橡胶锤均匀敲打确保其黏结牢固。 （5）如果马赛克安装在墙面，则一般是从下往上铺贴，并且一次性不要铺贴太高，以防自重较大引起塌落。 （6）铺贴时，可以借助辅助支撑物使马赛克紧贴墙面，等黏结剂具有一定初始强度后取下支撑物即可。 （7）铺贴在水环境中时，需要做好防水处理、防裂处理，以及选择具有良好防水性能的专用黏合剂与填缝剂
填缝	（1）等水分适度收干与具有初始强度后，可以用海绵湿软布清洁马赛克表面，然后用洁净的干布擦拭。擦拭后方可进行填缝处理。 （2）灌填缝剂可以用木质或橡胶抹刀来进行。 （3）填缝剂填充完成，等水分适度收干与具有初始强度后即可开始进行清理清洁工作。一般情况下，清理到填缝剂低于马赛克表面大约 1mm，最后用干软布再次进行清理

石材马赛克实例如图 4-17 所示。

4.2.14 天然石材洗手盆（洗菜盆/洗衣盆）的施工安装

天然石材洗手盆（洗菜盆/洗衣盆）的施工安装要点如下。

（1）天然石材洗手盆（洗菜盆/洗衣盆）应平整无损裂，符合相关要求。

图 4-17　石材马赛克实例

（2）如果天然石材洗手盆（洗菜盆/洗衣盆）的排水存水弯、水龙头为镀铬产品，则安装时不得损坏其镀层。

（3）排水栓溢流孔应尽量对准洗手盆溢流孔，以便溢流部位畅通。

（4）排水栓一般应有直径不小于 8mm 的溢流孔。

（5）镶接后排水栓上端面一般要低于天然石材洗手盆（洗菜盆/洗衣盆）盆底。

（6）托架固定螺栓，多数情况可以采用不小于 6mm 的镀锌开脚螺栓、镀锌金属膨胀螺栓。在多孔砖墙体上安装托架时，不能够使用膨胀螺栓。

（7）天然石材洗手盆（洗菜盆/洗衣盆）与排水管连接应牢固密实、便于拆卸。

（8）天然石材洗手盆（洗菜盆/洗衣盆）与墙面接触部位可以采用硅膏嵌缝。

石材洗手盆面板实例如图 4-18 所示。

图 4-18　石材洗手盆面板实例

4.2.15　石材地面碎板的施工安装

石材地面碎板的拼贴安装要点见表 4-11。

表 4-11　石材地面碎板的拼贴安装要点

项　目	解　　说
材料要求	(1)石块的品种、规格、质量,均要符合有关规范、设计要求。 (2)石渣颜色、粒径,均要符合有关规范、设计要求。 (3)一般工程采用标号为 325 号以上的普通硅酸盐水泥即可。 (4)工程中可采用白水泥擦缝。 (5)工程中一般采用中砂或粗砂。 (6)其他材料需符合相应要求
主要机具 与工具	尼龙线、钢斧子、橡皮锤、铁水平尺、弯角方尺、铁抹子、木抹子、墨斗、手推车、铁锹、靠尺、浆壶、水桶、喷壶、钢卷尺、合金钢扁凿子、台钻、合金钢钻头、扫帚、磨石机、钢丝刷等

续表

项　目	解　　说
作业条件	（1）对进场的石块品种、规格、数量、质量、堆放情况等进行检查。发现异常需及时处理好。 （2）需要加工的石块应在安装前加工好。 （3）地面垫层等施工应已完成。 （4）弹好水平线。 （5）施工大样图也已完成
工艺流程	准备工作 → 弹线 → 试拼编号 → 刷水泥浆结合层 → 铺砂浆 → 铺石块 → 灌缝擦缝
主要步骤	（1）准备工作——包括熟悉图纸、熟悉尺寸、熟悉施工工艺、掌握各部位的关系、基层处理。 （2）弹线——控制线、弹上水平线。 （3）试拼编号——确定缝隙的大小，试拼编号后码放有序整齐。 （4）刷水泥浆结合层——铺砂浆前再次将混凝土垫层清扫干净，再用喷壶洒水湿润，刷一层水灰比大约为 1：2 的素水泥浆。 （5）铺砂浆——确定地面找平层厚度，铺好平层干硬性水泥砂浆。砂浆从里往门口处摊铺。铺好后可以用大杠刮平，然后用抹子拍实找平。找平层厚度一般应高出石材地面碎板面层标高水平线 3～4mm。 （6）铺石块——根据试拼的编号，依次铺砌。摊铺前，一般需要将石块先浸湿阴干后备用。铺石块时，应先试铺，确定好纵横缝与位置，然后用橡皮锤敲击木垫板，振实砂浆到铺砌的高度，再将石块掀起来移到一边，以便检查砂浆上表面与石块间是否吻合恰当。如果存在空虚的情况，则需要填补砂浆修正。吻合恰当后，再正式铺砌。正式铺砌时，应先在水泥砂浆找平层上满浇一层水灰比大约为 1：2 的素水泥浆结合层，然后四角同时往下落安放铺砌石板，之后用橡皮锤轻击木垫板确定标高。第一块铺砌后，根据相应方向顺序铺砌。 （7）灌缝擦缝——碎板铺砌后 1～2 昼夜后即可灌缝擦缝。灌缝厚度与碎板上面相平，并且需要将其表面找平压光。如果灌水泥石渣浆时，一般应比碎板上面高出大约 2mm。灌浆 1～2h 后，即可用棉丝团蘸原稀水泥浆擦缝，以及把碎板上的水泥浆擦干净。擦干净后即可覆盖保护。洒水养护一般不少于 7d。如果采用水泥石渣浆灌缝，则养护后应进行磨光打蜡。磨光打蜡共磨大约四遍，并且各遍要求打蜡操作工艺与现制水磨地面做法基本一样

石材地面碎板实例如图 4-19 所示。

图 4-19　石材地面碎板实例

4.2.16　大理石踢脚板的施工安装

大理石踢脚板施工安装有粘贴法、灌浆法，其中粘贴法安装大理石踢脚板的工艺方法与流程如图 4-20 所示。

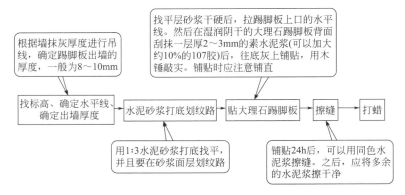

图 4-20　粘贴法安装大理石踢脚板的工艺方法与流程

灌浆法安装大理石踢脚板的工艺方法与流程如图 4-21
所示。

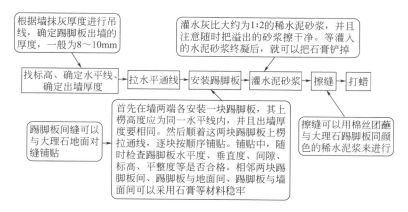

图 4-21　灌浆法安装大理石踢脚板的工艺方法与流程

4.2.17　园林道路石材的施工安装

园林铺装工程主要是园路铺装。目前园路铺装主要是石材
铺装。园林道路石材铺装的准备见表 4-12。

表 4-12　园林道路石材铺装的准备

项　目	解　说
准备	(1)确定图纸。 (2)确定铺装方案。 (3)确定材料的数量、规格等
场地放样	(1)根据设计图所绘的施工坐标方格网,将所有坐标点确定到场地上并打桩定点。 (2)以坐标桩点与设计图为准,进行场地放线

续表

项　目	解　　说
地形复核	(1)根据园路广场的平面图,复核场地地形。 (2)确定各坐标点、控制点的标高
场地平整 与找坡	(1)堆填顺序一般为先深后浅、先分层填实深处,后填实浅处,并且每填一层要夯实一层。 (2)挖方过程中挖出的杂物要清除。 (3)挖填方工程基本完成后,可以对挖填出的新地面进行整理。根据图纸对场地进行找坡。 (4)根据场地旁存在的园路、建筑、管线等,确定边缘地带的竖向连接方式、确认地面排水口的位置、确认排水沟管底部标高等

园林道路石材铺装的地面施工见表 4-13。

表 4-13　园林道路石材铺装的地面施工

项　目	解　　说
基层施工程序	摊铺碎石 → 稳压 → 散填充料 → 压实 → 铺摊嵌缝料 → 碾压
基层施工主要 步骤解说	(1)摊铺碎石——可以首先用几块方木或砖块放在夯实后的素土基础上,用人工摊铺碎石,以确定摊铺的厚度。摊铺时,该木块或砖块随铺随挪动,以便后续碎石的摊铺。摊铺碎石应大小颗粒分布均匀、厚度一致,一次上齐。 (2)稳压——可以利用压路机碾压。 (3)撒填充料——首先将粗砂或灰土均匀撒在碎石上,然后用扫帚扫入碎石缝里,再用洒水车或喷壶均匀洒水,至不再存在空隙且露出碎石尖为止。 (4)压实——可以利用压路机碾压。 (5)铺撒嵌缝料——大块碎石压实后,可以立即用 10～12t 压路机进行碾压,至表面平整无明显轮迹为止即可。 (6)碾压——在嵌缝料扫匀后,可以立即用 10～12t 压路机进行碾压,至表面平整无明显轮迹为止即可

续表

项　目	解　说
稳定层施工	（1）在完成的基层上定点放线，根据设计图纸放中间桩、边桩。 （2）在边线地方放置挡板，并且在挡板上画好标高线。 （3）检查、复核边线、标高无误后，即可在干燥的基层上洒一层水或 1：3 砂浆，然后浇筑混凝土。 （4）应根据设计的比例、标高、横坡、纵坡等要求浇筑混凝土
面层施工	（1）面层施工准备——包括材料的准备、工具的准备、作业条件的准备。 （2）操作工艺——石材可以采用干硬性水泥砂浆来铺贴。铺贴前，应先将石板块背面刷干净，并且铺贴时要保持湿润。铺贴时，基层浇水湿润再刷水灰比大约 1：2 的素水泥浆，需要注意水泥浆要随刷随铺，不得出现风干现象。铺贴时，石板块应高出预定完成面 3～4cm，然后使用铁抹子（灰匙）拍实抹平。接着就是预铺。预铺时，可以采用木锤着力敲击石材板中部，振实砂浆到铺设高度后，把石材板掀起来，检查砂浆表面与石材板底相吻合的情况，后续可以在砂浆表面适量洒水，再均匀撒一层水泥粉，然后把石板块对准铺贴，再用木锤大力敲击到平正度、缝隙宽度达到要求为止。 （3）石材板铺贴完成 24h，并且检查无误后即可刷缝填饱满，并进行清洁处理，然后就是对铺贴好的园林道路进行养护

4.2.18　石材装饰球的施工安装

石材装饰球具有较高的观赏性。石材装饰球一般分为球体、盘体、水泵、柱体、底座等部分。石材装饰球实例如图 4-22 所示。

石材装饰球的施工安装要点与注意事项如下。

（1）安装前，先把石材装饰球的底座放置在一个比较牢固的平面地上，然后把石材装饰球的盘体安置在底座上。

（2）将石材装饰球的水泵与出水管进行连接。

图 4-22 石材装饰球实例

（3）将石材装饰球所需的出水管放进柱体里面。

（4）检查石材装饰球出水管的长度是否适合。无误后，把石材装饰球的水泵放到装饰球的盆里。

（5）把装饰球的球体放进上柱体最上面的地方，使水在流动时，带动石材装饰球球体一起转动。

4.2.19 石材窗台板的施工安装

石材窗台板的安装准备见表 4-14。

表 4-14 石材窗台板的安装准备

项　目	解　说
主要材料、构配件的准备	（1）准备好石材窗台板。 （2）石材窗台板制作材料的品种、材质、颜色应达到设计的要求。 （3）相关木制品应控制含水率在 12％以内，并做好防腐处理。 （4）安装固定可以选择用角钢、扁钢做托架或挂架。 （5）窗台板一般直接装在窗下墙平面，用砂浆或细石混凝土稳固

续表

项　　目	解　　说
主要机具、工具的准备	电焊机、电动锯石机、手电钻、大刨子、小刨子、小锯、锤子、割角尺、橡皮锤、靠尺板、铅丝、水平尺、盒尺、螺丝刀等
作业条件的准备	(1)安装石材窗台板的窗下墙,在结构施工时应根据窗台板的品种与要求,预埋木砖或铁件等相关件。 (2)石材窗台板长超过 1500mm 时,除靠窗口两端下应预留木砖或铁件外,中间应每 500mm 间距增加铁件。 (3)跨空石材窗台板需要根据设计要求加设固定支架。 (4)石材窗台板应在窗框安装后进行。 (5)石材窗台板与暖气罩连体的,一般在墙、地面装修层完成后进行

石材窗台板的安装工艺流程如图 4-23 所示。

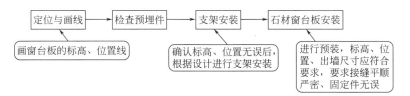

图 4-23　石材窗台板的安装工艺流程

一点通

　　窗台石材安装要点如下:窗台石材安装应在墙面处理前,有背网石材不适合做窄的窗台。窗台石材不要在冬季加工,窗台安装接缝处不要用水泥勾缝、窗台石材安装后不可随意上蜡、石材具有一定的透气性,不要长期被覆盖。

4.2.20 台阶石的施工安装

台阶石的安装步骤如图 4-24 所示。台阶石的安装效果如图 4-25 所示。

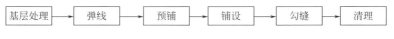

图 4-24 台阶石的安装步骤

图 4-25 台阶石的安装效果

基层处理时，有的工程需要采用钢丝刷或钢扁铲清理才能够干净。施工台阶石前应在地面刷一道水泥浆结合层。考虑装饰厚度的需要，正式施工前还需要用清水湿润地面。弹线主要是弹控制线、分格线。预铺主要是看铺成后的颜色、纹理、尺寸、表面平整等是否达到需要的效果。如果存在误差，应进行调整、交换，这样避免正式铺贴后出现无法调整、交换情况。

浅色的石材、密度较小的石材，一般需要在其背面和所有侧面涂刷隔离剂，以防石材铺装时吸水而影响石材表面美观。

台阶石结合层就是在铺装砂浆前对基层清扫干净后用喷壶洒水湿润、刷素水泥浆的这一层。

铺砂浆层可以采用（1∶4）～（1∶3）干硬性砂浆经充分搅拌均匀后进行施工，该层砂浆的干硬度以手捏成团不松散为宜。砂浆铺到地面后，再用灰板拍实，砂浆铺设宽度要超过石材宽度大约 1/3 以上。砂浆厚度高出水平标高 3～4mm，砂浆厚度控制大约为 30mm。

铺装石材时，预先浸润后阴干备用。先试铺，对好纵横缝。铺装敲击时，可以用橡皮锤敲击垫木板，不得用橡皮锤直接敲击石材板面上。敲击振实砂浆到石材铺设高度后，将垫木板移走，然后检查砂浆上表面与板块间是否吻合。如果存在空虚，则需要填补干硬性砂浆，然后再正式铺装。正式铺装时，在砂浆层上满浇一层水灰比为 1∶2 的素水泥浆作为结合层。然后石材四角同时往下落安放好，再用橡皮锤或木锤轻击垫木板，并且借用水平尺控制铺装标高，达到要求后，可以依次再安装其他石材。

石材铺装完成后 1～2 昼夜就可以进行灌浆勾缝。勾缝灌浆的颜色根据设计来确定。灌浆勾缝时，可以采用浆壶来进行。灌浆勾缝后应及时把石材板面的水泥浆清理干净。

4.2.21 鹅卵石的施工安装

鹅卵石铺装地面不但漂亮，而且可以按摩足底。鹅卵石主要用于休闲小路、小型院落道路、室内等。鹅卵石的颜色、样式、图案也比较丰富。

鹅卵石可以去建材市场采购。应选择椭圆形、稍微扁一点的鹅卵石。

鹅卵石的图案应在铺贴前设计好，包括图案的图形、颜色、大小等要素。铺贴时，可以根据设计图案先在场地上撒白石灰，然后在白石灰上画出所需要的图案的边缘线。再沿着石灰上的图案线上的关键部位打桩，一般是隔一段距离打桩。然后用绳子把桩连接起来。之后，铺厚度大约2cm的小石子层，其上铺厚度大约为3cm的铺粗砂层，其上大约为6cm的砂浆层。然后根据图案线条，在水泥砂浆上铺设鹅卵石。

室内鹅卵石的铺装施工要点见表4-15。

表 4-15　室内鹅卵石的铺装施工要点

项　　目	解　　说
工具、材料的准备	喷水壶、铲子、抹灰刀、抛光鹅卵石、水泥、沙子、小笤帚、钢丝球等
铺装流程	清理基层 ⟶ 抹底层砂浆 ⟶ 抹石子浆面层，刮一道素水泥浆 ⟶ 重新压实溜光
铺装细节	(1)首先要平整场地。鹅卵石铺装在湿基层上，一般刷素水泥浆结合层，一边刷一边抹找平层，后用铁抹子搓平。 (2)再把鹅卵石铺嵌在上面，然后用木抹子压实压平，然后撒上干水泥。 (3)再用喷雾器进行喷水洗刷，以及保持接缝平直、宽窄均匀、颜色一致。 (4)施工后第二天，可以盖上保护膜浇水保养。一般一天浇水2次，5d后可以在上面行走

铺设鹅卵石时，应注意要保持水平。鹅卵石的1/3以上应埋在水泥砂浆里，尖锐部分也要放在砂浆里，不得朝上。修整鹅卵石时，可以采用木板放在铺设好的鹅卵石上面进行压平、压实。鹅卵石上面部分粘的水泥砂浆应清理干净。另外，可以用手检查鹅卵石是否稳固，需要时可以加一些水泥砂浆来稳固。鹅卵石的安装如图4-26所示。

图 4-26　鹅卵石的安装

鹅卵石铺装实例如图 4-27 所示。

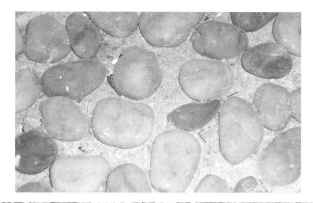

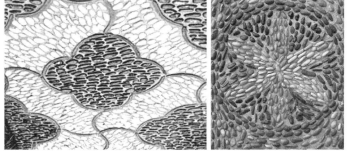

图 4-27　鹅卵石铺装实例

4.2.22 圆弧形石材门套的施工安装

圆弧形石材门套的施工安装要点见表 4-16。

表 4-16　圆弧形石材门套的施工安装要点

项　目	解　说
材料的准备、要求	(1)圆弧形石材门套订货加工——一般情况下的圆弧形石材门套均需根据设计要求订货加工。 (2)圆弧形石材门套进场检查——检查其规格、品种、颜色、花纹、质量、合格证、检验报告、排版图、编号等。 (3)钢骨架——如果采用干挂方式,则可以使用 50 规格热镀锌角钢的钢骨架。钢骨架的规格、合格证、检验报告、材质等均应符合要求。 (4)其他材料——包括挂件、挂件与骨架的固定螺栓、填缝胶等,其中挂件应具有受力试验报告等
施工机具、工具的准备	云石机、磨光机、冲击钻、手枪钻、白线、钢卷尺、铁锤、活动扳手、水平尺、凿子、胶枪、壁纸刀、铝合金靠尺、铁锹、灰盆、笤帚、棉纱、小桶、钳子等
施工作业条件的准备	(1)结构经验收合格。 (2)水电、通风、设备安装等应完成。 (3)准备好水、电源,加工石材的场地等条件。 (4)准备好室内施工脚手架等作业条件。 (5)相关运输设备已经准备好。 (6)石材保存好,避免日晒雨淋。 (7)石材堆放时其下往往需垫木方。 (8)石材数量、规格等已经核对正确。 (9)石材预铺、配花、编号等已经完成。 (10)对现场石材的挑选、检查已经完成

续表

项　目	解　说
施工工艺流程	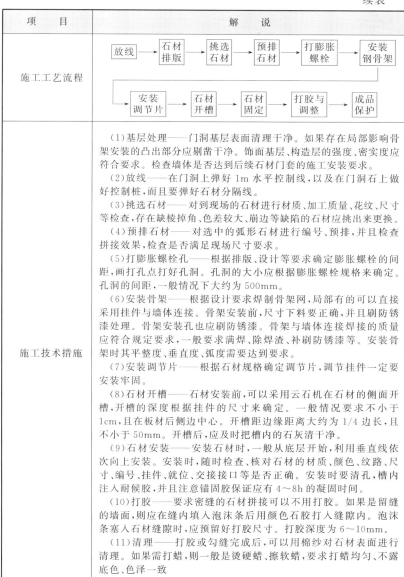
施工技术措施	（1）基层处理——门洞基层表面清理干净。如果存在局部影响骨架安装的凸出部分应剔凿干净。饰面基层、构造层的强度、密实度应符合要求。检查墙体是否达到后续石材门套的施工安装要求。 （2）放线——在门洞上弹好 1m 水平控制线，以及在门洞石上做好控制桩，而且要弹好石材分隔线。 （3）挑选石材——对到现场的石材进行材质、加工质量、花纹、尺寸等检查，存在缺棱掉角、色差较大、崩边等缺陷的石材应挑出来更换。 （4）预排石材——对选中的弧形石材进行编号、预排，并且检查拼接效果，检查是否满足现场尺寸要求。 （5）打膨胀螺栓孔——根据排版、设计等要求确定膨胀螺栓的间距，画打孔点打好孔洞。孔洞的大小应根据膨胀螺栓规格来确定。孔洞的间距，一般情况下大约为 500mm。 （6）安装骨架——根据设计要求焊制骨架网，局部有的可以直接采用挂件与墙体连接。骨架安装前，尺寸下料要正确，并且刷防锈漆处理。骨架安装孔也应刷防锈漆。骨架与墙体连接焊接的质量应符合规定要求，一般要求满焊、除焊渣、补刷防锈漆等。安装骨架时其平整度、垂直度、弧度需要达到要求。 （7）安装调节片——根据石材规格确定调节片，调节挂件一定要安装牢固。 （8）石材开槽——石材安装前，可以采用云石机在石材的侧面开槽，开槽的深度根据挂件的尺寸来确定。一般情况要求不小于1cm，且在板材后侧边中心。开槽距边缘距离大约为 1/4 边长，且不小于 50mm。开槽后，应及时把槽内的石灰清干净。 （9）石材安装——安装石材时，一般从底层开始，利用垂直线依次向上安装。安装时，随时检查、核对石材的材质、颜色、纹路、尺寸、编号、挂件、就位、交接接口等是否正确。安装时要清孔，槽内注入耐候胶，并且注意锚固胶保证应有 4～8h 的凝固时间。 （10）打胶——要求密缝的石材拼接可以不用打胶。如果是留缝的墙面，则应在缝内填入泡沫条后用颜色石胶打入缝隙内。泡沫条塞入石材缝隙时，应预留好打胶尺寸。打胶深度为 6～10mm。 （11）清理——打胶或勾缝完成后，可以用棉纱对石材表面进行清理。如果需打蜡，则一般是烫硬蜡、擦软蜡，要求打蜡均匀、不露底色、色泽一致

应在石材边缘贴上胶带纸后再打胶。等打胶完成后，将胶带纸撕掉，这样可以使打胶边呈一条直线。

圆弧形石材门套实例如图 4-28 所示。

图 4-28　圆弧形石材门套实例

4.2.23　水泥砖的施工安装

水泥砖（实例如图 4-29 所示）的施工安装要点如下。

（1）各种面层砖应符合有关要求。

（2）水泥砖应根据颜色、花形等分类。

（3）存在掉角、裂缝、表面缺陷的水泥砖应清理出来。

（4）铺装时，注意纵、横方向排好尺寸，缝宽要合适。水泥砖安装实例如图 4-30 所示。

（5）留缝形成的花纹特点符合设计要求。铺装水泥砖时，

图 4-29　水泥砖实例

图 4-30　水泥砖安装实例

注意拉线控制边缘、宽度等参数要求，如图 4-31 所示。

图 4-31　拉线控制边缘

第5章

幕墙工程与干挂技能

5.1 幕墙工程

5.1.1 建筑幕墙有关术语

建筑幕墙有关术语见表 5-1。

表 5-1　建筑幕墙有关术语

术　语	解　说
玻璃幕墙	面板材料是玻璃的建筑幕墙
采光顶与金属屋面	由透光面板或金属面板与支承体系组成的,并且与水平方向夹角小于 75°的建筑外围护结构
瓷板幕墙	以瓷板(吸水率平均值≤0.5%的干压陶瓷板)为面板的建筑幕墙
单元式幕墙	由各种墙面板与支承框架(金属构架)在工厂制成完整的幕墙结构基本单位板块,直接安装在主体结构上的建筑幕墙
点支承玻璃幕墙	由玻璃面板、点支承装置、支承结构构成的建筑幕墙

续表

术　　语	解　　说
封闭式建筑幕墙	要求具有阻止空气渗透、阻止雨水渗漏功能的建筑幕墙
构件式建筑幕墙	现场在主体结构上安装立柱、横梁、各种面板的建筑幕墙
硅酮耐候胶	幕墙嵌缝用的一种低模数中性硅酮密封材料
建筑幕墙	由板材、支承结构体系组成的,可相对主体结构有一定位移能力或自身有一定变形能力、不承担主体结构所受作用的建筑外围护结构
接触腐蚀	两种不同的金属接触时发生的电化学腐蚀
结构胶	幕墙中黏结各种板材与金属构架、板材与板材的黏结材料
金属板幕墙	面板材料外层饰面为金属板材的建筑幕墙
开放式建筑幕墙	不要求具有阻止空气渗透、不要求具有阻止雨水渗漏功能的建筑幕墙。开放式建筑幕墙包括遮挡式建筑幕墙、开缝式建筑幕墙
内通风双层幕墙	进、出通风口设在内层,利用通风设备使室内空气进入热通道并有序流动的双层幕墙
全玻幕墙	由玻璃面板与玻璃肋构成的建筑幕墙
热通道	可使空气在幕墙结构或系统内有序流动,以及具有特定功能的一种通道
人造板材幕墙	面板材料为瓷板、陶板、微晶玻璃等人造外墙板(不包括玻璃、金属板材)的建筑幕墙
石材幕墙	板材为建筑石板的建筑幕墙
双层幕墙	由外层幕墙、热通道与内层幕墙(或门、窗)构成,并在热通道内能够形成空气有序流动的建筑幕墙
陶板幕墙	以陶板(吸水率平均值 $3\% < E \leqslant 6\%$ 和 $6\% < E \leqslant 10\%$ 挤压陶瓷板) 为面板的建筑幕墙

术　语	解　说
外通风双层幕墙	进通风口、出通风口设在外层,通过合理配置进出风口使室外空气进入热通道并有序流动的双层幕墙
微晶玻璃幕墙	以微晶玻璃板为面板的建筑幕墙
相容性	黏结密封材料与其他材料接触时,不发生影响黏结密封材料黏结性的物理、化学变化的性能
小单元建筑幕墙	由金属副框、各种单块板材,采用金属挂钩与立柱、横梁连接的可拆装的建筑幕墙
斜建筑幕墙	与水平面成＞75°并＜90°角的建筑幕墙
组合幕墙	由金属、玻璃、石材等不同板材组成的建筑幕墙

建筑幕墙实例如图 5-1 所示。

图 5-1　建筑幕墙实例

5.1.2 石材幕墙材料的要求

石材幕墙就是面板材料采用建筑石材的建筑幕墙。石材幕墙对于材料有一定的要求，不同工程会有所差异。

某工程对于石材幕墙材料的要求见表 5-2。

表 5-2　某工程对于石材幕墙材料的要求

名　称	要　求
石材	（1）幕墙用石材，一般宜选用花岗石，可选用石灰石、大理石、石英砂岩、火成岩等。幕墙石材石材吸水率应小于 0.8%。 （2）石材表面应进行防护处理。 （3）石材面板弯曲强度标准值要符合有关规定。 （4）弯曲强度标准值小于 8MPa 的石材面板，要采取附加构造措施保证面板的可靠性。 （5）选择建筑石材幕墙的石材板块时，超薄石材复合板的光面板石材厚度不应小于 3mm，总厚度不应小于 20mm。磨光面板厚度不应小于 25mm，粗面板厚度不应小于 28mm。 （6）严寒地区、寒冷地区，幕墙所用石材面板的抗冻系数不应小于 0.8。 （7）幕墙石板的表面处理方法要根据环境、用途来决定。 （8）石材面板的性能要满足建筑物所在地的气候、环境、地理、幕墙功能的要求，以及有关标准的规定。 （9）幕墙所选择石材的放射性要符合《建筑材料放射性核素限量》（GB 6566—2010）中 A 级、B 级、C 级的要求。 （10）为了满足等强度计算的要求，火烧石板的厚度应比抛光石板厚 3mm。 （11）钢销式石材幕墙只可在非抗震设计或 6 度、7 度抗震设计幕墙中应用，幕墙高度不宜大于 20m，石材板块面积不宜大于 1m²。 （12）石材表面应采用机械进行加工，加工后的表面可以用高压水冲洗清理，不得采用溶剂型的化学清洁剂清洗。 （13）石材幕墙的面板宜采用便于各板块独立安装、拆卸的支承固定系统，不宜采用 T 形挂装系统

续表

名　　称	要　　求
石材	（14）以蜂窝铝板或金属板等为基底的超薄石材复合板，可以在建筑高度不大于 100m，抗震设防烈度不大于 8 度的石材幕墙中应用。幕墙高度超过 100m 时，则应进行技术论证。 （15）当石材含有放射物质时，要符合现行行业标准《建筑材料放射性核素限量》（GB 6566—2010）等的规定
胶、双面胶带、密封材料	（1）石材幕墙金属挂件与石材间的粘接固定材料宜选用干挂石材用环氧胶黏剂，不应选择不饱和聚酯类胶黏剂。 （2）环氧胶黏材料要符合《干挂石材幕墙用环氧胶粘剂》（JC 887—2001）等有关的规定。 （3）幕墙密封胶条应为挤出成型，橡胶块应为压模成型。 （4）结构硅酮密封胶应采用高模数中性胶。 （5）石材幕墙工程所使用的结构黏结材料必须是硅酮结构密封胶，其性能必须符合《建筑幕墙用硅酮结构密封胶》（JG/T 475—2015）等的有关规定。 （6）硅酮结构密封胶、硅酮耐候密封胶应在有效期内使用。 （7）两种不同的硅酮密封胶接触时应相容。 （8）硅酮结构密封胶、硅酮耐候密封胶必须要有与所接触材料的相容性试验报告。 （9）密封胶条的技术要求要符合现行国家行业标准《金属与石材幕墙工程技术规范》（JGJ 133—2001）等有关规定。 （10）幕墙采用的橡胶制品宜采用三元乙丙橡胶、氯丁橡胶。 （11）硅酮结构密封胶分单组分、双组分，其性能应符合现行《建筑用硅酮结构密封胶》（GB 16776—2005）等有关规定。 （12）幕墙应采用中性硅酮耐候密封胶，其性能应符合有关规定。 （13）硅酮密封胶应有保质年限的质量证书。 （14）幕墙所使用的低发泡间隔双面胶带，要符合现行行业标准的有关规定。 （15）石材幕墙所用硅酮结构密封胶应有证明无污染的试验报告。 （16）密封胶条需要符合《硫化橡胶或热塑性橡胶撕裂强度的测定（裤形、直角形和新月形试样）》（GB/T 529—2008）、《硫化橡胶或热塑性橡胶　密度的测定》（GB/T 533—2008）等一些现行国家标准的规定

名　　称	要　　求
五金附件、转接件、连接件、发泡材料等	（1）支承构件与板材的挂装组合单元的挂装强度、板材挂装系统结构强度要满足设计等有关要求。 （2）幕墙所采用的五金附件、转接件、连接件要符合有关标准。 （3）板材挂装系统应设置防脱落装置。 （4）石材幕墙材料应选择耐气候性的材料。金属材料、零配件可以选择不锈钢。 （5）幕墙采用的铝合金型材，要符合现行国家标准《铝合金建筑型材》（GB/T 5237—2017）、《铝及铝合金阳极氧化膜与有机聚合物膜　第 1 部分：阳极氧化膜》（GB/T 8013.1—2018）等有关规定。 （6）幕墙采用的非标准五金件，要符合设计要求，并且具有出厂合格证，另外符合《紧固件机械性能　不锈钢螺栓、螺钉和螺柱》（GB/T 3098.6—2014）、《紧固件机械性能　不锈钢螺母》（GB/T 3098.15—2014）等有关规定。 （7）幕墙采用的不锈钢宜采用奥氏体不锈钢，不锈钢的技术要求要符合《不锈钢冷加工钢棒》（GB/T 4226—2009）、《不锈钢冷轧钢板和钢带》（GB/T 3280—2015）、《冷顶锻用不锈钢丝》（GB/T 4232—2019）等一些现行国家标准的规定要求。 （8）幕墙采用钢材的技术结构钢、低合金结构钢，要符合《耐候结构钢》（GB/T 4171—2008）、《优质碳素结构钢》（GB/T 699—2015）、《碳素结构钢和低合金结构钢热轧钢板和钢带》（GB/T 3274—2017）、《优质碳素结构钢热轧薄钢板和钢带》（GB/T 710—2008）、《低合金高强度结构钢》（GB/T 1591—2018）、《合金结构钢》（GB/T 3077—2015）、《冷拔异型钢管》（GB/T 3094—2012）等一些现行国家标准的规定要求。 （9）幕墙钢构件采用冷弯薄壁型钢时，除了符合现行国家标准《冷弯薄壁型钢结构技术规范》（GB 50018—2002）等有关规定外，其壁厚不得小于 3.5mm，强度应根据实际工程验算。 （10）钢结构幕墙高度超过 40m 时，钢构件宜采用高耐候结构钢，并在表面涂刷防腐涂料。 （11）不锈钢材和钢材的主要性能试验方法要符合现行标准《金属材料弯曲试验方法》（GB/T 232—2010）、《金属材料　拉伸试验　第 1 部分：室温试验方法》（GB/T 228.1—2010）等有关规定

名　称	要　求
五金附件、转接件、连接件、发泡材料等	(12)幕墙可以采用聚乙烯发泡材料作填充材料,密度要求不小于 0.037g/m³。 (13)聚乙烯发泡填充材料的性能要符合现行《金属与石材幕墙工程技术规范》(JGJ 133—2001)等有关规定。 (14)幕墙可以采用岩棉、玻璃棉、矿棉、防火板等不燃烧性、难燃烧性材料作隔热保温材料,并且采用铝箔、塑料薄膜包装的复合材料作为防水、防潮材料。 (15)石材幕墙的钢材应进行表面热镀锌处理。 (16)石材幕墙的铝合金材料应进行表面阳极氧化处理。 (17)橡胶条应有成分分析报告、保质年限证书等

石材幕墙中的石材面板的弯曲强度、吸水率、最小厚度、单块面积要求见表 5-3。

表 5-3　石材面板的弯曲强度、吸水率、最小厚度、单块面积要求

项　　目	天然花岗石	天然大理石	其他石材	
最小厚度/mm	≥25	≥35	≥35	≥40
吸水率/%	≤0.6	≤0.5	≤5	≤5
单块面积/m²	不应大于 1.5	不应大于 1.5	不应大于 1.5	不应大于 1
弯曲强度标准值/MPa	≥8	≥7	≥8	$4 \leqslant f \geqslant 8$

5.1.3　石材幕墙类型

目前,石材幕墙应用很广泛,根据其连接安装方式可以分为通长槽式石材幕墙、托板式石材幕墙、背栓式石材幕墙等。石材幕墙的特点见表 5-4。

表 5-4　石材幕墙的特点

名　　称	特　　点
背栓式 石材幕墙	(1)连接形式——采用不锈钢膨胀螺栓无应力锚固连接。 (2)安装结构——采用挂式柔性连接,多向可调,表面平整度高,拼缝平直整齐
通长槽式 石材幕墙	(1)连接形式——通长铝合金型材的使用,提高系统的安全性与强度。 (2)安装结构——安装结构可实现三维调整,幕墙表面平整
托板式 石材幕墙	(1)连接形式——铝合金托板连接,粘接在工厂内完成。 (2)安装结构——采用挂式结构,可三维调整。使用弹性胶垫安装,实现柔性连接

5.1.4　石材幕墙连接安装方式

石材幕墙连接安装方式常见的有插销式、挑件式、背栓式、背槽式等,其中插销式安装方便,但是损坏后不便更换,加工安装工艺复杂。

石材挑件式安装的特点与图例如图 5-2 所示,背栓式安装的特点与图例如图 5-3 所示。背槽式安装的特点与图例如图 5-4 所示。石材幕墙各类安装形式单价的比较为:插销式＜挑件式＜背栓式＜背槽式。

5.1.5　石材幕墙工程施工工艺

5.1.5.1　石材幕墙工程施工工艺的基本规定

(1) 石材幕墙工程必须由具有资质的单位进行二次设计,

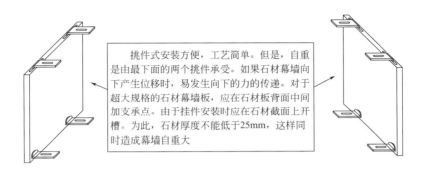

挑件式安装方便，工艺简单。但是，自重是由最下面的两个挑件承受。如果石材幕墙向下产生位移时，易发生向下的力的传递。对于超大规格的石材幕墙板，应在石材板背面中间加支承点。由于挂件安装时应在石材截面上开槽。为此，石材厚度不能低于25mm，这样同时造成幕墙自重大

图 5-2　石材挑件式安装的特点与图例

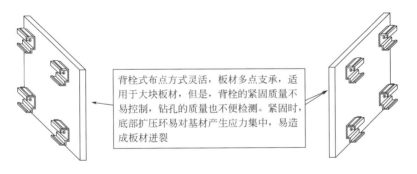

背栓式布点方式灵活，板材多点支承，适用于大块板材，但是，背栓的紧固质量不易控制，钻孔的质量也不便检测。紧固时，底部扩压环易对基材产生应力集中，易造成板材迸裂

图 5-3　背栓式安装的特点与图例

并具有完整的施工设计文件。

　　（2）石材幕墙工程应由施工单位编制单项施工组织设计。

　　（3）石材幕墙工程涉及承重结构、主体改动或荷载增加时，必须由原设计结构单位或具备相应资质的设计单位根据有关规定进行检验、确认。

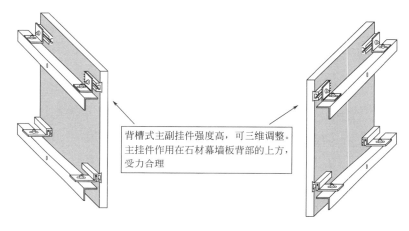

图 5-4　背槽式安装的特点与图例

（4）石材幕墙的框架与主体结构预埋件的连接、立柱与横梁的连接及幕墙板的安装必须符合设计要求，安装牢固。

（5）石材幕墙工程要有隐蔽验收记录。

（6）石材幕墙工程设计不得影响建筑物的结构安全、主要使用功能。

（7）施工单位应遵守有关环境保护的法律、法规，并采取有效措施控制施工现场的各种粉尘、废气、震动等对周围环境造成的污染、危害。

（8）石材幕墙工程所使用材料应进行防火、防腐处理。

5.1.5.2　施工准备

石材幕墙工程施工的准备与要求包括技术准备、材料要求、幕墙作业条件等，具体内容见表 5-5。

表 5-5　石材幕墙工程施工准备

项　目	解　说
技术准备	(1)审查有关图纸是否完整、齐全。 (2)熟悉、读懂有关图纸的内容。 (3)审查建筑图、结构图与幕墙施工图纸在尺寸、坐标、标高、说明等方面是否一致。 (4)审查图纸与说明书在内容上是否一致。 (5)检查土建施工质量是否满足幕墙施工的要求。 (6)了解各单位间的协作、配合关系。 (7)自然条件的调查分析与了解。 (8)明确现有施工技术水平能否满足工期、质量要求。 (9)明确工期。 (10)复核幕墙各组件的强度、刚度、稳定性。 (11)审查幕墙图纸中的工程复杂性、施工难度系数、技术要求等
材料要求	(1)石材幕墙工程中使用的材料要具有出厂合格证、质保书、检验报告。 (2)石材幕墙工程中使用的铝合金型材,其硬度、壁厚、膜厚、表面质量等应符合有关要求。 (3)石材幕墙工程中使用的面材,其板材尺寸、厚度、外观质量等应符合有关要求。 (4)石材幕墙工程中使用的钢材,其长度、厚度、膜厚、表面质量等应符合有关要求
幕墙作业条件要求	(1)主体结构完工,达到施工验收规范的要求。 (2)应有土建移交的控制线、基准线。 (3)可能对幕墙施工环境造成严重污染的分项工程,一般要安排在幕墙施工前进行。 (4)脚手架等操作平台搭设就位。 (5)吊篮等垂直运输设备安设就位。 (6)幕墙的构件、附件的材料品种、规格、性能等符合有关要求。 (7)幕墙与主体结构连接的预埋件,根据要求已经埋设好

5.1.5.3 技术要求与质量要点

石材幕墙工程技术要求如下。

（1）安装前，做好各种施工准备工作。

（2）放线精度要符合要求。

（3）安装前，应对构件加工精度进行检验，必须达到要求。

（4）预埋件安装必须符合要求。

（5）石材板安装时，应拉线控制相邻板材面的水平度、垂直度、大面平整度。

（6）石材板安装时，可以用木模板控制缝隙宽度，并防止误差积累。

（7）幕墙骨架中的立柱、横梁，安装时要严格控制水平度、垂直度、对角线长度等。

（8）进行密封工作前，应对密封面进行清扫。

（9）进行密封工作前，应在胶缝两侧的石板上粘贴保护胶带，以防石板被胶污染。

（10）注胶时，应密实、均匀、饱满，胶缝表面光滑。

石材幕墙工程施工中的质量要点见表5-6。

表5-6 石材幕墙工程施工中的质量要点

项　　目	解　　说
安装后的试验	石材幕墙安装后，进行气密性、水密性、风压性能等试验，并且要达到有关规范、设计等要求
构件骨架安装	加工精度、安装部位、螺栓安装固定、铆钉安装固定、外观、密封状态、雨水泄水通路、防锈处理等均要达到要求。构件骨架安装后，一般应横平竖直、大面平整

续表

项　　目	解　　说
连接件	加工精度、安装部位、防锈处理、固定状态、垫片安放等均要达到要求
密封胶嵌缝	施工状态、胶缝品质、胶缝形状、胶缝气泡、胶缝色泽、胶缝外观等均要达到要求
清洁	清洗溶剂应符合要求、无残留物、无遗漏未清洗部位
石板安装	安装精度、安装部位、垂直度、水平度、大面平整度等均要达到要求
五金件安装	外观、加工精度、安装部位、固定状态等均要达到要求
预埋件、锚固件	施工精度、位置、固定状态达到要求,无变形、无生锈等

石材嵌缝效果实例如图 5-5 所示。

图 5-5　石材嵌缝效果实例

5.1.5.4　构件加工装配制作

　　石材幕墙工程中，一些构件、附件往往需要加工。其中，金属构件中的打孔形式（铆钉用通孔、沉头螺钉用沉孔、圆柱头用沉孔、螺栓用沉孔）、螺丝孔的加工等均要符合要求。一般孔位允许偏差 0.5mm，一般孔距允许偏差 0.5mm，一般累计偏差不大于 1.0mm。截料端头一般不应有明显加工变形，毛刺一般不大于 0.2mm。

　　金属构件加工中，钢构件表面防锈处理要符合《钢结构工程施工质量验收规范》（GB 50205—2001）等的有关规定。钢构件焊接、螺栓连接要符合《钢结构焊接规范》（GB 50661—2011）（JGJ 81）、《钢结构设计规范》（GB 50017—2017）等的有关规定。

　　构件铣榫尺寸允许偏差见表 5-7。构件铣豁尺寸允许偏差见表 5-8。构件铣槽尺寸允许偏差见表 5-9。幕墙构件装配尺寸允许偏差见表 5-10。各相邻构件装配间隙与同一平面高低允许偏差见表 5-11。

表 5-7　构件铣榫尺寸允许偏差

名　称	中心线位置/mm	榫宽/mm	榫长/mm
允许偏差	±0.5	+0.0，-0.5	+0.0，-0.5

表 5-8　构件铣豁尺寸允许偏差

名　称	中心线位置/mm	豁口宽度/mm	豁口长度/mm
允许偏差	±0.5	-0.0，+0.5	-0.0，+0.5

表 5-9　构件铣槽尺寸允许偏差

名　称	中心线位置/mm	宽度/mm	长度/mm
允许偏差	±0.5	-0，+0.5	-0，+0.5

表 5-10　幕墙构件装配尺寸允许偏差

名　　　称	构件长度/mm	允许偏差/mm
构件对角尺寸	≤2000	≤2
	>2000	≤3.5
槽口尺寸	≤2000	±1.5
	>2000	±2
构件对边尺寸	≤2000	≤2
	>2000	≤3

表 5-11　各相邻构件装配间隙与同一平面高低允许偏差

名　　　称	允许偏差/mm
同一平面高低差	≤0.4
装配间隙	≤0.4

5.1.5.5　石板加工与制作

石板加工与制作的要求示例见表 5-12。

表 5-12　石板加工与制作的要求示例

项　目	解　　　说
石板加工、制作要求	(1)石板连接部位要无崩坏、无暗裂等缺陷。 (2)石板的编号应与设计一致,不得混乱。 (3)石板加工尺寸允许偏差符合有关标准要求。 (4)火烧石要按样板检查火烧后的均匀程度,并且火烧石不得有崩裂、暗裂等异常情况。 (5)石板要结合其组合形式,并且确定使用基本形式后进行加工

续表

项　目	解　说
石板加工、制作要求	(6)石板的厚度、直角、半圆弧形状、长度、宽度、异形角、异型材、花纹图案造型、石板的外形尺寸、色泽等均要符合有关要求
钢销式安装石板的加工	(1)钢销的孔位要根据石板的大小来确定。 (2)石板的钢销孔处不得有损坏、崩裂等现象。 (3)钢销间距不宜大于 600mm。边长不大于 1.0m 时,每边设两个钢销,边长大于 1.0m 时,则应采用复合连接。 (4)钢销的孔位距离边端不得小于石板厚度的 3 倍,也不得大于 180mm。 (5)石板的钢销孔径内要洁净光滑。 (6)石板的钢销孔的深度一般为 22～33mm。 (7)石板的钢销孔的直径一般为 7～8mm。 (8)石板的钢销直径一般为 5mm 或 6mm。 (9)石板的钢销长度一般为 20～30mm
通槽式安装石板的加工	(1)石板开槽后不得有崩裂、损坏等异常现象。 (2)石板开槽槽口应打磨成 45°倒角。 (3)石板的通槽宽度一般为 6mm 或 7mm。 (4)石板开槽槽内要洁净光滑。 (5)石板不锈钢连接板厚度一般不小于 3mm。 (6)石板铝合金连接板厚度一般不小于 4mm
短槽式安装石板的加工	(1)石板两短槽边距离石板两端部的距离一般不小于石板厚度的 3 倍。 (2)每块石板上边下边要各开两个短平槽,并且短平槽长度不要小于 100mm,有效长度内槽深度一般不应小于 15mm。 (3)每块石板上边下边开槽宽度一般为 6mm 或 7mm。 (4)每块石板弧形槽的有效长度一般不小于 80mm

续表

项　目	解　　说
短槽式安装石板的加工	（5）每块石板不锈钢连接板厚度一般不小于 3.0mm。 （6）每块石板铝合金连接板厚度一般不小于 4.0mm。 （7）石板开槽后不得出现损坏、崩裂等异常现象。 （8）石板开槽槽口要打磨成 45°倒角
石板转角的组装	石板转角宜采用不锈钢支撑件或铝合金型材专用组装。 （1）当采用铝合金型材专用件组装时，铝合金型材壁厚不小于 4.5mm，连接部位的壁厚不小于 5mm。 （2）当采用不锈钢支承件组装时，不锈钢支承件的厚度不小于 3mm
单元石板幕墙的加工组装	（1）已加工好的石板，要存放于通风良好的地方。 （2）石板经切割、开槽等工序后，要将石屑用水冲干净。 （3）石板与不锈钢挂件间，要采用石材专用结构胶黏结。 （4）幕墙单元内，边部石板与金属框架的连接，可以采用铝合金 L 形连接。L 形连接件的厚度根据石板尺寸、重量经计算来确定，以及其最小厚度不小于 4mm。 （5）幕墙单元内石板间，可以采用铝合金 T 形连接件连接。T 形连接件的厚度根据石板尺寸、重量经计算来确定，其最小厚度不小于 4mm。 （6）有可视部分的混合幕墙单元，要将玻璃板、石板、防火板、防火材料根据要求组装在铝合金框架上。 （7）有防火要求的全石板幕墙单元，要将石板、防火板、防火材料根据要求组装在铝合金框架上

5.1.6　石材幕墙安装的工艺流程

石材幕墙安装的工艺流程如图 5-6 所示。

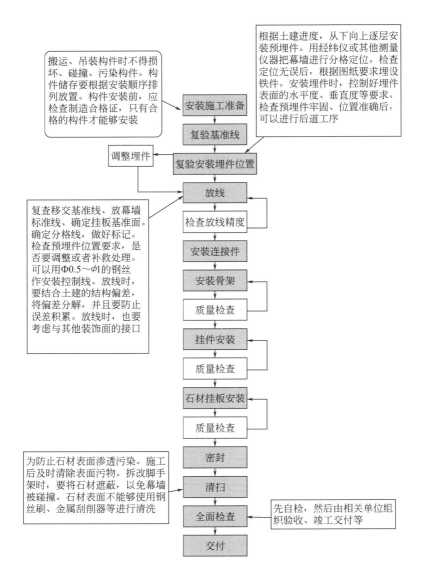

图 5-6　石材幕墙安装工艺流程

一点通

　　螺栓连接结合面加垫防腐垫片，以保证连接牢固可靠。横梁两端与立柱连接处加设弹性垫片，以适应与消除横向温度变形。

　　石材幕墙安装包括石材幕墙骨架的安装，石材幕墙挂件安装，石材幕墙骨架的防锈，挂板的安装、密封等，具体见表 5-13。

表 5-13　石材幕墙安装

项　　目	解　　说
石材幕墙骨架的安装	(1)根据控制线确定骨架位置,严控骨架位置的偏差,并且确保骨架安装牢固。 (2)挂件安装前应全面检查骨架位置的准确性、焊接牢固性、焊缝合格性
石材幕墙挂件安装	(1)挂板一般应选择不锈钢的或铝合金型材的。 (2)钢销一般采用不锈钢件。 (3)连接挂件选择采用 L 形,以免一个挂件同时连接上下两块石板
石材幕墙骨架的防锈	(1)槽钢主龙骨、预埋件都要做防锈处理。 (2)各类镀锌角钢焊接破坏镀锌层后也要满涂防锈漆。 (3)型钢进场应有防潮、防尘、防锈等措施。 (4)不得漏刷防锈漆
花岗石挂板的安装	(1)要求板材加工精度高、挑选好板材、色差小,以便实现高质量的整体效果。 (2)挂板安装前,根据尺寸用金属丝做垂线,以便控制垂直度。 (3)可以通过室内的 50cm 线来验证板材水平龙骨、水平线的正确度。 (4)板材钻孔位置应根据图中注明的位置,使用标定工具在板中标定。 (5)板材钻孔深度根据不锈钢销钉长度来确定 (6)石板应在水平状态下采用机械开槽口

续表

项　　目	解　　说
密封	(1)部位密封前,要清扫,并保持密封面的干燥。 (2)贴防护纸胶带,以防止密封材料污染装饰面。 (3)注胶要密实均匀、饱满不浪费。 (4)注胶后,应将胶缝用小铲沿注胶方向用力施压,把多余的胶刮掉,将胶缝刮成所需要的形状。 (5)胶缝修整好后,及时去掉保护胶带

一点通　　　石材幕墙钢龙骨验收依据《建筑装饰装修工程质量验收标准》(GB 50210—2018)、《钢结构工程施工质量验收规范》(GB 50205—2001)、《金属与石材幕墙工程技术规范》(JGJ 133—2001)等。

5.2　石材干挂

5.2.1　干挂石材安装孔的加工尺寸与允许偏差

目前很多工程的石材幕墙采用干挂工艺。为此,学习掌握有关干挂的知识是很有必要的。干挂法又叫做空挂法,具有美观、工作量小、实用等特点。干挂石材实例如图 5-7 所示。

图 5-7　干挂石材实例

干挂石材安装孔加工尺寸与允许偏差见表 5-14。

表 5-14　干挂石材安装孔加工尺寸与允许偏差

单位：mm

固定形式	孔 径		孔底到板面保留厚度		孔中心线到板边的距离
	孔类别	允许偏差	最小尺寸	允许偏差	
背栓式	直径	+0.4 −0.2	8.0	+0.1 −0.4	最小 50
	扩孔	+0.3			
		+1.0* −0.3			

注：* 为适用于石灰石、砂岩类干挂石材。

5.2.2　干挂石材安装槽的加工尺寸与允许偏差

干挂石材安装槽的加工尺寸及允许偏差见表 5-15。

表 5-15　干挂石材安装槽的加工尺寸及允许偏差

单位：mm

项　　目	短　槽		蝶形背卡		通槽（短平槽、弧形短槽）	
	最小尺寸	允许偏差	最小尺寸	允许偏差	最小尺寸	允许偏差
槽宽度	7.0	±0.5	3.0	±0.5	7.0	±0.5
槽有效长度（短平槽槽底处）	100.0	±2.0	180.0	—	—	±2.0
槽深（槽角度）	—	矢高:20.0	45°	+5°/0	—	槽深:20.0
槽任一端侧边到板外表面距离	8.0	±0.5	—	—	8.0	±0.5
槽任一端侧边到板内表面距离（含板厚偏差）	—	±1.5	—	—	—	±1.5
槽深度（有效长度内）	16.0	±1.5	垂直 10.0	+2.0/0	16.0	±1.5
背卡的两个斜槽石材表面保留宽度	—	—	31.0	±2.0	—	—
背卡的两个斜槽槽底石材保留宽度	—	—	13.0	±2.0	—	—

续表

项　目	短　槽		蝶形背卡		通槽（短平槽、弧形短槽）	
	最小尺寸	允许偏差	最小尺寸	允许偏差	最小尺寸	允许偏差
两（短平槽）槽中心线距离（背卡上下两组槽）	—	±2.0	—	±2.0	—	±2.0
槽外边到板端边距离（蝶形背卡外槽到与其平行板端边距离）	不小于板材厚度和85,不大于180	±2.0	50.0	±2.0	—	±2.0
内边到板端边距离	—	±3.0	—	—	—	±3.0

5.2.3　普型板石材、异型板石材的平面度公差

普型板石材、异型板石材的平面度公差见表 5-16。

表 5-16　普型板石材、异型板石材的平面度公差

单位：mm

板材长度	粗面板材			镜面和细面板材		
	A 级	B 级	C 级	A 级	B 级	C 级
≤400	0.6	0.8	1.0	0.2	0.4	0.5
>400～≤800	1.2	1.5	1.8	0.5	0.7	0.8
>800	1.5	1.8	2.0	0.7	0.9	1.0

5.2.4 圆弧板石材的直线度、线轮廓度的允许公差

圆弧板石材的直线度、线轮廓度的允许公差见表 5-17。

表 5-17 圆弧板石材直线度、线轮廓度的允许公差

单位：mm

项　目		粗面板材			镜面和细面板材		
		A 级	B 级	C 级	A 级	B 级	C 级
直线度 （按板材高度）	≤800	1.0	1.2	1.5	0.8	1.0	1.2
	>800	1.5	1.5	2.0	1.0	1.2	1.5
线轮廓度		1.0	1.5	2.0	0.8	1.0	1.2

5.2.5 普型板石材角度的允许公差

普型板石材角度的允许公差见表 5-18。

表 5-18 普型板石材角度的允许公差 单位：mm

板材长度	A 级	B 级	C 级
≤400	0.30	0.50	0.80
>400	0.40	0.60	1.00

说明：圆弧板角度允许公差：A 级为 0.40mm，B 级为 0.60mm，C 级为 0.80mm。

5.2.6 干挂石材的物理性能技术要求

干挂石材的物理性能技术要求见表 5-19。

表 5-19　干挂石材的物理性能技术要求

项　　目		技术指标			
		天然石灰石	天然砂岩	天然花岗石	天然大理石
体积密度/(g/cm³)	≥	2.30	2.40	2.56	2.60
吸水率/%	≤	2.50	3.00	0.40	0.50
干燥	压缩强度/MPa ≥	34	70	130	50
水饱和					
干燥	弯曲强度/MPa ≥	4.0	6.9	8.3	7.0
水饱和					
抗冻系数/%	≥	80	80	80	80

5.2.7　背栓概述与要求

5.2.7.1　背栓简述

敲击式背栓主要用于外墙石材板材的干挂。一般是通过机械锁定的方式来锚固石材板材，并用铝合金挂件将其与混凝土结构连接。敲击式背栓主要用于硬质石材板材的干挂，可以应用于多数 25mm 及以上厚度的大理石、花岗石等石材板材的干挂，有的也适用于陶瓷板、水泥板、硅酸钙板等硬质板材的安装。

背栓锚固深度一般需要大于板材厚度的 1/2，有的板材较厚，则可能需要采用定制的背栓。

敲击式背栓可以分为环式敲击背栓、片式敲击背栓、旋进式背栓等种类。各种类的材质有 304、316 不锈钢等之分。

片式敲击背栓如图 5-8 所示。片式敲击背栓主要由锥形螺杆、梅花扩压环（膨胀片）、套管、平垫、弹垫、六角螺母等组成。

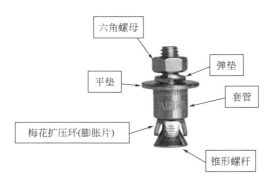

图 5-8　片式敲击背栓

旋进式背栓多用于薄型板材的安装，多用于瓷砖、玻化砖上的安装。旋进式背栓主要由锥形膨胀套管、内六角螺杆、法兰面锁紧防滑螺母等组成，如图 5-9 所示。旋进式背栓安装的

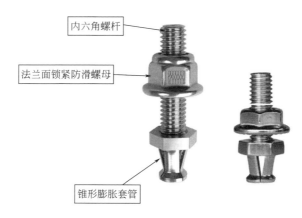

图 5-9　旋进式背栓

钻孔需要由背栓打孔机、背栓打孔钻头加工完成，然后用背栓专用的安装工具安装。

环式敲击背栓是敲击式背栓的一种，材质有 304、316 不锈钢等。环式敲击背栓如图 5-10 所示。

图 5-10 环式敲击背栓

敲击背栓往往需要挂件来配合使用。敲击式背栓配套的挂件有 H 型铝合金挂件、子母型铝合金挂件、平耳型铝合金挂件等类型，如图 5-11 所示。

图 5-11 铝合金挂件示例

5.2.7.2 环式敲击背栓的规格与技术参数

常见环式敲击背栓的规格与技术参数见表 5-20。

表 5-20　常见环式敲击背栓的规格与技术参数

单位：mm

型　　号	锚固深度	板材厚度范围	钻孔直径	拓孔直径
M6×15×32	15.5±0.5	25～30	11±0.3	13.5±0.3
M6×18×35	18.5±0.5	30～35	11±0.3	13.5±0.3
M6×20×40	20.5±0.5	35～40	11±0.3	13.5±0.3
M6×15×32	15.5±0.5	25～30	11±0.3	13.5±0.3
M6×18×35	18.5±0.5	30～35	11±0.3	13.5±0.3
M6×20×40	20.5±0.5	35～40	11±0.3	13.5±0.3
M8×15×32	15.5±0.5	25～30	13±0.3	13.5±0.3
M8×18×35	18.5±0.5	30～35	13±0.3	13.5±0.3
M8×20×40	20.5±0.5	35～40	13±0.3	13.5±0.3
M8×15×32	15.5±0.5	25～30	13±0.3	13.5±0.3
M8×18×35	18.5±0.5	30～35	13±0.3	13.5±0.3
M8×20×40	20.5±0.5	35～40	13±0.3	13.5±0.3

5.2.7.3　片式敲击背栓的规格与技术参数

常见片式敲击背栓的规格与技术参数见表 5-21、表 5-22。

表 5-21　常见片式敲击背栓规格与技术参数 1　　单位：mm

型　　号	锚固深度	板材厚度范围	钻孔直径	拓孔直径
M6×15×32	15.5±0.5	25～30	11±0.3	13.5±0.3
M6×18×35	18.5±0.5	30～35	11±0.3	13.5±0.3
M6×20×40	20.5±0.5	35～40	11±0.3	13.5±0.3

续表

型　　号	锚固深度	板材厚度范围	钻孔直径	拓孔直径
M6×15×32	15.5±0.5	25～30	11±0.3	13.5±0.3
M6×18×35	18.5±0.5	30～35	11±0.3	13.5±0.3
M6×20×40	20.5±0.5	35～40	11±0.3	13.5±0.3
M8×15×32	15.5±0.5	25～30	13±0.3	13.5±0.3
M8×18×35	18.5±0.5	30～35	13±0.3	13.5±0.3
M8×20×40	20.5±0.5	35～40	13±0.3	13.5±0.3
M8×15×32	15.5±0.5	25～30	13±0.3	13.5±0.3
M8×18×35	18.5±0.5	30～35	13±0.3	13.5±0.3
M8×20×40	20.5±0.5	35～40	13±0.3	13.5±0.3

表 5-22　常见片式敲击背栓规格与技术参数 2　　单位：mm

型　　号	锚固深度	螺杆外露长度	钻孔直径	拓孔直径
Q-M6×5×20	5	15	11	13.5
Q-M6×7×20	7	13	11	13.5
Q-M6×10×25	10	15	11	13.5
Q-M6×12×25	12	13	11	13.5
Q-M6×15×32	15	17	11	13.5
Q-M6×18×32	18	14	11	13.5
Q-M6×21×32	21	11	11	13.5
Q-M8×15×32	15	17	13	15.5
Q-M8×18×35	18	17	13	15.5
Q-M8×21×35	21	14	13	15.5

续表

型　　号	锚固深度	螺杆外露长度	钻孔直径	拓孔直径
Q-M8×25×40	25	15	13	15.5
Q-M8×30×45	30	15	13	15.5
Q-M8×35×50	35	15	13	15.5
Q-M8×40×55	40	15	13	15.5

5.2.7.4　旋进式敲击背栓的规格与技术参数

旋进式敲击背栓的规格与技术参数见表 5-23。

表 5-23　旋进式敲击背栓的规格与技术参数　单位：mm

型　号	材　料	锚固深度	板材厚度范围	钻孔直径	拓孔直径
M6×5	304 不锈钢	5.2±0.2	10	7.3±0.3	9.5±0.3
M6×7	304 不锈钢	7.2±0.2	12	7.3±0.3	9.5±0.3
M6×9	304 不锈钢	9.2±0.2	16	7.3±0.3	9.5±0.3
M6×12	304 不锈钢	12.3±0.3	20	7.3±0.3	9.5±0.3
M6×15	304 不锈钢	15.3±0.3	25~30	7.3±0.3	9.5±0.3
M8×15	304 不锈钢	15.5±0.5	25~30	9.3±0.3	11.5±0.3
M8×18	304 不锈钢	18.5±0.5	30~35	9.3±0.3	11.5±0.3
M6×5	316 不锈钢	5.2±0.2	10	7.3±0.3	9.5±0.3
M6×7	316 不锈钢	7.2±0.2	12	7.3±0.3	9.5±0.3
M6×9	316 不锈钢	9.2±0.2	16	7.3±0.3	9.5±0.3
M6×12	316 不锈钢	12.3±0.3	20	7.3±0.3	9.5±0.3
M6×15	316 不锈钢	15.3±0.3	25~30	7.3±0.3	9.5±0.3

续表

型　号	材　料	锚固深度	板材厚度范围	钻孔直径	拓孔直径
M8×15	316 不锈钢	15.5±0.5	25～30	9.3±0.3	11.5±0.3
M8×18	316 不锈钢	18.5±0.5	30～35	9.3±0.3	11.5±0.3

5.2.7.5　敲击式背栓与其他背栓的比较

敲击式背栓与其他背栓的比较见表 5-24。

表 5-24　敲击式背栓与其他背栓的比较

项　　目	比　　较
敲击式背栓与旋进式背栓	(1)敲击式背栓多用于 25mm 及以上厚度的板材,而旋进式背栓则多用于玻化砖等薄型板材上。 (2)敲击式背栓开孔允许偏差更大,安全系数比旋进式背栓高
环式敲击背栓与片式敲击式背栓	(1)两者的区别在于扩压环、扩压片上,两者在承力上比较相近。 (2)有的扩压环公差太差,存在不安全因素。相比较而言,片式敲击式背栓则更安全一些

5.2.8　石材挂件

5.2.8.1　石材挂件简述

挂件的种类多,用途不一,作用不同。但是,石材挂件往往是起固定作用和装饰作用,尤其是大理石干挂中的挂件。

大理石挂件是一种固定机件或零件,主要用来固定石材板材和异形石材。目前,常见的大理石挂件有缝挂式、针销式、蝴蝶式等。其中,以缝挂式大理石挂件最为常见。主要原因在于缝挂式大理石挂件牢固性强、强度大、施工简便。蝴蝶式大理石挂件具有易损、成本高等特点而不常用。针销式大理石挂件费料费工，也不常用。针销式大理石挂件属于早期的大理石挂件。

目前，石材瓷砖挂件没有统一的尺寸，具体长度、宽度需要根据设计图纸与要求来设置。

石材瓷砖挂件分为铝合金挂件、不锈钢挂件等类型。石材瓷砖挂件的特点见表 5-25。

表 5-25　石材瓷砖挂件的特点

名　　称	图　　例	特点解说
转角连接件		转角连接件是背栓连接件的一种，主要用于固定垂直方向的转角的两块板材
凹耳型挂件		凹耳型挂件是旋进式背栓连接件的一种，主要用于安装旋进式背栓的干挂板材与夹层的结构件
角码挂件		角码主要用于固定背栓连接件与结构件
挑件		挑件主要配合 SE 挂件使用，主要用于连接外墙边缘板材与结构件

续表

名　　称	图　　例	特点解说
子母型挂件		子母型挂件是敲击式背栓连接件的一种，主要用于连接安装敲击式背栓的干挂板材与夹层结构件
SE 挂件	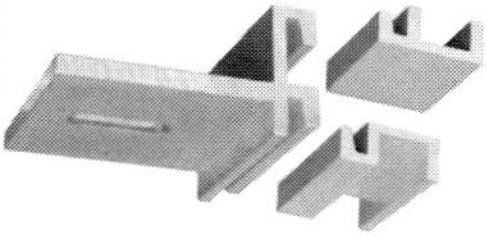	SE 挂件主要用于连接外墙板材与结构件
凹 H 型挂件		凹 H 型挂件是旋进式背栓连接件的一种，主要用于安装旋进式背栓的干挂板材与夹层结构件
平 H 型挂件		平 H 型挂件是敲击式背栓连接件的一种，主要用于安装敲击式背栓的干挂板材与夹层结构件

5.2.8.2　干挂石材金属挂件

干挂石材金属挂件的分类如图 5-12 所示。

干挂石材金属挂件的编号意义见表 5-26。

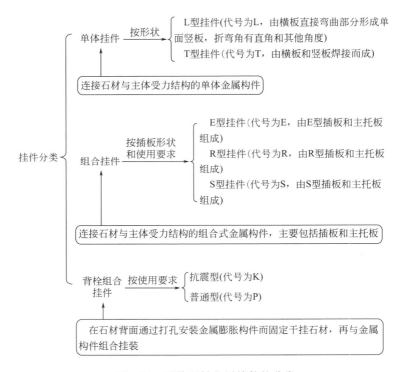

图 5-12　干挂石材金属挂件的分类

表 5-26　干挂石材金属挂件的编号意义

名　称	编号意义
单体挂件	

续表

名　称	编号意义
组合挂件	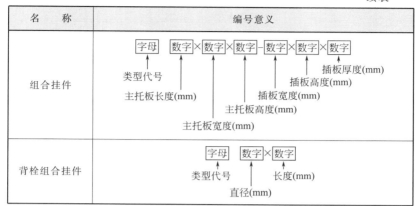
背栓组合挂件	

干挂石材金属挂件规格尺寸与允许偏差要求如下。

（1）组合挂件的主托板、单件挂件的横板的宽度一般要求不小于 40mm。

（2）单件挂件的厚度一般需要经过受力计算来确定。采用铝合金挂件的挂件厚度一般要求不小于 4mm，采用不锈钢挂件的挂件厚度一般要求不小于 3mm。

（3）背栓的直径一般需要经过受力计算来确定。用于室外装饰的背栓的最小直径不小于 8mm，用于室内装饰的背栓的最小直径不小于 4mm。

（4）干挂石材金属挂件的允许偏差见表 5-27。

表 5-27　干挂石材金属挂件的允许偏差

挂件的长度、宽度、高度允许偏差			单位：mm
项　目	长度、宽度、高度		
参　数	30 及以上～50	50 及以上～80	80 及以上～120	≥120
允许偏差	+3.9 0	+4.6 0	+5.4 0	+6.3 0

续表

挂件的冲孔尺寸允许偏差		单位:mm
项　目	孔的最大尺寸	
参　　数	<10	≥10～50
允许偏差	+0.10 0	+0.15 0

挂件的厚度允许偏差			单位:mm
项　目	厚　度		
参　　数	3.0及以上～5.0	5.0及以上～6.0	≥6.0
允许偏差	+0.50 0	+0.60 0	+0.70 0

（5）干挂石材金属背栓的允许偏差见表5-28。

表 5-28　干挂石材金属背栓的允许偏差　单位：mm

项　目	直　径	长　度
允许偏差	±0.40	±1.0

（6）干挂石材金属挂件平面度的允许偏差见表5-29。

表 5-29　干挂石材金属挂件平面度的允许偏差
单位：mm

项　目	长　度			
参　　数	30及以上～50	50及以上～80	80及以上～120	≥120
允许偏差	0.15	0.20	0.25	0.30

注：挂件角度的允许偏差为±2°。

5.2.8.3　干挂石材金属挂件的应用

干挂石材金属挂件的应用如图5-13所示。

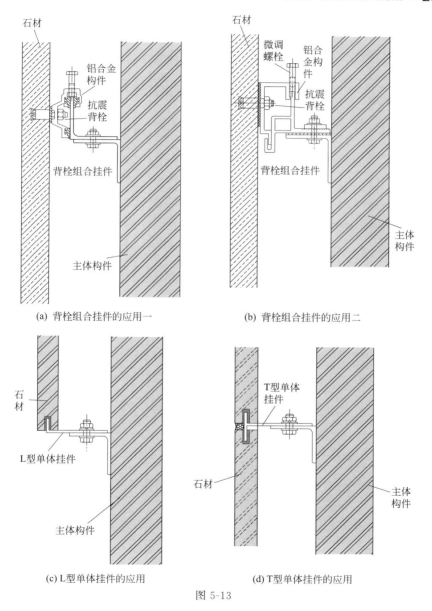

(a) 背栓组合挂件的应用一

(b) 背栓组合挂件的应用二

(c) L型单体挂件的应用

(d) T型单体挂件的应用

图 5-13

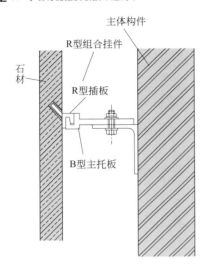

(e) R型组合挂件的应用

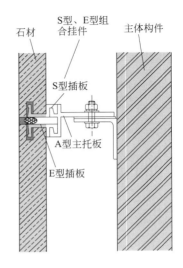

(f) S型/E型组合挂件的应用

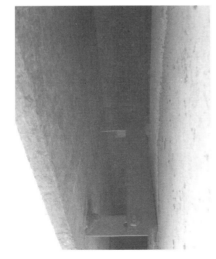

(g) 挂件应用实例一

(h) 挂件应用实例二

图 5-13　干挂石材金属挂件的应用

5.2.8.4　干挂石材组合挂件的挂装强度

干挂石材组合挂件的挂装强度见表 5-30。

表 5-30　干挂石材组合挂件挂装强度

技术指标	室外饰面	室内饰面
挂件组合单元挂装强度	不低于 2.80kN	不低于 0.65kN

5.2.8.5　干挂石材组合挂装系统的结构强度

干挂石材组合挂装系统结构强度的技术要求见表 5-31。

表 5-31　干挂石材组合挂装系统结构强度的技术要求

技术指标	室外饰面	室内饰面
石材挂装系统结构强度	不低于 5.00kPa	不低于 1.20kPa

5.3　石材干挂施工

5.3.1　石材干挂的施工安装简述

干挂石材是建筑的一种施工工艺。干挂石材工艺是利用耐腐蚀的螺栓、耐腐蚀的柔性连接件，将花岗石、人造大理石等饰面石材直接挂在建筑结构的外表面。石材与建筑结构间留出 40~50mm 的空隙。

干挂石材工艺做成的饰面，在风力、地震力的作用下允许产生适量的变位，以吸收部分风力、地震力而不致出现裂纹、脱落。在风力、地震力消失后，石材也会随结构复位。

外墙干挂石材的材质分类与特点见表 5-32。

表 5-32　外墙干挂石材的材质分类与特点

分　类	特　点
板岩外墙干挂	板岩一般用于别墅等低楼层干挂,不适于高层建筑外墙干挂
大理石外墙干挂	(1)大理石纹理独特,使用其做外墙具有一定的特色。 (2)大理石干挂常见用于室内装饰。 (3)目前国内幕墙使用天然石材做外墙干挂的比较少
花岗石外墙干挂	(1)一般所说的石材外墙干挂均是以花岗石为主的石材外墙干挂。 (2)花岗石干挂外墙表面有光面、火烧或者荔枝粗面等类型
砂岩外墙干挂	(1)砂岩材质较轻,表面无光度,给人自然协调整体感。 (2)砂岩种类多,需要根据具体的种类特点来应用

5.3.1.1　花岗石干挂的施工安装要点

（1）干挂花岗石开槽前，花岗石要用云石机在花岗石侧面开槽，开槽深度根据挂件尺寸来确定：一般要求不小于 10mm，且在板材后侧边中心。为了保证开槽不崩边，开槽距边缘距离大约为 1/4 边长且不小于 50mm。

（2）干挂花岗石开好槽后，应把槽边的石灰清干净、槽内应光滑，以保证灌胶黏结牢固。

（3）花岗石的开槽位置、钢锚的孔位要根据有关图纸加工。

（4）花岗石干挂安装后表面应平整、洁净、无污染、颜色协调一致。

（5）花岗石干挂滴水线顺直、流水坡向正确。

（6）花岗石干挂金属骨架连接牢固、安全可靠、横平竖直。干挂金属件实例如图 5-14 所示。

图 5-14　干挂金属件实例

（7）花岗石干挂石材缝嵌填饱满密实，缝深浅一致、颜色一致。

（8）花岗石干挂石材缝隙宽窄一致。

（9）花岗石干挂石材无缺棱掉角、无裂缝。

（10）花岗石与不锈钢、铝合金挂件可以用环氧树脂型石材专用结构胶黏结。

（11）花岗石开槽后不得有损坏、崩裂等现象，并且槽口应打磨成 45°的倒角。

（12）花岗石墙面干挂开通槽时，宽宜为 6～7mm，铝合金支撑板厚度不宜小于 4mm，不锈钢支撑板厚度不宜小于 3mm。

（13）花岗石干挂石材阴阳角板应压向正确。

（14）花岗石与不锈钢、铝合金挂件应用环氧树脂型石材专用结构胶黏结。黏结前，应把石屑冲洗干净。干燥后，才可进行黏结施工，并且施工厚度为 2～3mm。

外墙干挂花岗石连接如图 5-15 所示。

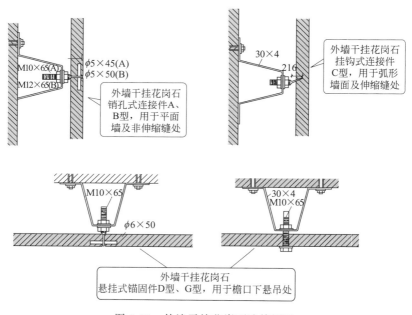

图 5-15　外墙干挂花岗石连接图示

5.3.1.2　大理石挂件的施工安装要点

（1）施工前，根据施工面按照一定的尺寸进行分割线的划分。划分时，要把分割线弹出来。

（2）施工前，应了解相关石料的规格，以便后面进行下料工作。

（3）大理石挂件的基座要安装牢固。

（4）采用大理石挂件钢配件的，需要做好防锈、防腐处理。

（5）石材表面要清净、平整。

（6）在挂件下面设有小孔，以便龙骨间的连接，并起到良好的调节作用，让挂件保持自身的平整度、垂直度。

（7）要做好缝隙的处理工作。一般需要留出 8～12mm 的空隙距离。

（8）一般情况采用硅胶材料堵塞缝隙，以达到美观效果。

（9）一般要求大理石挂件缝格均匀、接缝嵌塞密实、接缝嵌塞宽窄一致。

（10）板缝要合理通顺。

（11）大理石干挂的挂件承受力要达到要求。

（12）大理石上面的拼花要正确，纹理要清晰可见，颜色应尽量均匀一致。

（13）非整板部位安装要适宜。

（14）阴角处石板压向要正确。

（15）凸出物周围的板采取整板套割，尺寸要准、边缘吻合要整齐平顺、滴水线要顺直、流水坡向要正确。

（16）大理石干挂，需要选择质量好的挂件，并且挂件规格要一致，以便保证使用时挂件的接缝紧密、通顺、合理，从而使大理石安装得平顺均匀、板缝整洁美观。

（17）用于石材幕墙的石材厚度不应小于 25mm，石块面积不宜大于 $1.5m^2$。

（18）用于石材幕墙的挂件一般选择不锈钢挂件。

5.3.2　石材干挂的方式与特点

石材干挂的方式与特点见表 5-33。

表 5-33　石材干挂的方式与特点

方　式	特　点
背栓式 干挂法	背栓式干挂是在石材的背部打孔,用锚栓连接金属件与墙体上龙骨的一种石材干挂方法
单肢短槽 干挂法	(1)单肢短槽干挂法是将相邻的两块石材面板共同固定在 T 形卡条上,卡条再与骨架固定。 　　(2)单肢短槽干挂法中的 T 形卡条可以为不锈钢,或者为铝合金
钢销式 干挂法	(1)钢销式干挂法即插针法。 　　(2)钢销式干挂法的结构特点是相邻两块石材的面板固定在同一个钢销上,然后钢销固定在连接板上,连接板再与骨架固定。 　　(3)钢销式干挂法是干挂石材工艺中最早、最简洁的方法。 　　(4)钢销式干挂法可以分为两侧连接、四侧连接
双肢短槽式 干挂法	(1)双肢短槽式干挂法是单肢短槽的改进做法。 　　(2)双肢短槽式干挂法是将相邻的两块石材面板共同固定在"干"形卡条上。 　　(3)双肢短槽式干挂法中的"干"形卡条可以采用不锈钢,也可以采用铝合金
通槽式 干挂法	(1)通槽式干挂法只是采用通长卡条,上下开通槽。 　　(2)单元式石材幕墙中很多采用通槽式干挂法
小单元式 干挂法	小单元式干挂法中的小单元建筑幕墙,一般是由金属副框、各种单块板材,采用金属挂钩与立柱、横梁连接的一种可拆装的建筑幕墙

5.3.3　室内外干挂石材的施工安装

　　室内干挂石材的施工准备和要求见表 5-34。

表 5-34　室内干挂石材的施工准备和要求

项　　　目	具体内容和要求
材料要求	（1）骨架——镀锌槽钢、镀锌角铁、镀锌埋件、不锈钢挂件。骨架均要有合格证、出厂日期、使用说明等，并且符合要求。 （2）石板——有的工程采用人造大理石，则石材板应涂刷防护剂。石板应有合格证、出厂日期、使用说明等，并且符合要求。 （3）其他材料——垫片、六角螺母、膨胀螺栓、焊条、环氧胶黏结剂（AB 胶）等
主要机具、工具	盒尺、锤子、水平尺、冲击钻、手枪钻、钢板尺、电焊机、切割机、角磨机、砂纸、红外水准仪、方尺、墨斗、小白线、红铅笔、工具袋等
作业条件	（1）门窗根据要求安装好，且封堵四周的缝隙。 （2）墙面 1m 线已弹好。 （3）墙面基本干燥，基层含水率不大于 10％，pH＜10。 （4）人机作业面充足，配电配灯到位且安全。 （5）通风空调设备洞口管道已安装。 （6）水电管线暗盒已安装

室内干挂石材施工操作的工艺流程如图 5-16 所示，室内干挂石材施工的工艺要点见表 5-35。

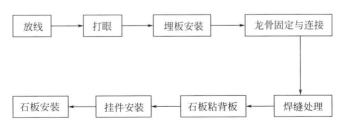

图 5-16　室内干挂石材施工操作的工艺流程

表 5-35　室内干挂石材施工的工艺要点

名　称	解　说
放线	根据图纸与现场情况,弹出轴线、控制线、标高线、埋点、完成线等
打眼	(1)不要在砌块上打眼。 (2)打眼完成后统一清孔。 (3)眼点可适度调整,在梁柱、板带、窗梁处打眼。 (4)在弹好线的点位上用钻头打眼孔,深度达到要求,并且要顺滑竖直
埋板安装	(1)埋板安装,可以采用镀锌标准埋件配合膨胀螺栓在眼孔处埋板。 (2)注意要用垫片、六角螺母紧固
龙骨固定与连接	(1)横向可以采用角铁,横向间距可以根据石材排版来确定。 (2)剪力墙墙面可以直接用横向角铁配合膨胀螺栓固定在墙面上。 (3)竖向可以采用镀锌槽钢,竖向间距要正确。 (4)通过角铁连接埋板
焊接处理	(1)检查焊缝是否存在缺陷,无缺陷后应涂刷两遍防锈涂料。 (2)如果焊缝出现裂纹缺陷,则可能是布置不当、材质不好等引起的。可以采取在裂纹两端钻止裂孔或铲除裂纹处的焊缝金属进行补焊等措施。 (3)如果焊缝出现孔穴缺陷,则可能是焊条受潮、焊接速度过快等引起的。可以铲除气孔处的焊缝金属进行补焊。 (4)如果焊缝出现固体夹杂缺陷,则可能是焊接材料不好、熔渣密度大等引起的。可以铲除夹渣处的焊缝金属进行补焊处理。 (5)如果焊缝出现未融合、未焊透,则可能是焊接电流过小、焊接速度过快、未焊透、未融合等引起的。处理未融合的情况可以铲除未融合的焊缝金属进行补焊。处理未焊透的情况时,如果是敞开性好的结构,在背侧补焊
石板粘背板	(1)石板背面用环氧树脂胶黏结预制好的背板楞条,背板与石板满粘。短平槽开槽长、开槽宽、有效长度内槽深、两短槽边距石板两端的距离等均要达到要求

续表

名　　　称	解　　　说
石板粘背板	(2)槽内光滑洁净。 (3)石板开槽后不得有损坏、崩边等异常现象。 (4)槽口要打磨成 45°倒角
挂件安装	(1)将挂件用螺栓临时固定在横龙骨的打眼处。 (2)安装时,螺栓的螺帽朝上,并且要放平垫。 (3)石板要试挂,位置不符时应调整挂件使其符合要求
石板安装	(1)石板安装时,应进行检查。 (2)石板下槽内抹满环氧胶,然后将石板插入,再调整石板位置找完水平、垂直、方正后将石板上槽内抹满环氧胶。然后把上部挂件支撑板插入抹胶后的石板槽且拧紧固定挂件的螺帽。然后检查垂直、方正、板缝。如果不合适则及时调整。等环氧胶凝固后,按同样方法根据石板编号依次进行后续石板的安装

一点通

石材干挂安装工技能六大要求:

(1) 看得懂装饰施工图、石材干挂施工图。

(2) 熟练操作常用石材干挂安装机具。

(3) 熟练操作使用封胶枪。

(4) 掌握常用钢材焊接与安装钢构架施工方法。

(5) 掌握石材、钢材、石材干挂件的基本性能。

(6) 掌握石材安装技能。

　　室内干挂石材施工的安全注意事项与应急处置及成品保护见表 5-36。

表 5-36 室内干挂石材施工的安全注意事项与

应急处置及成品保护

名　　称	解　　说
安全注意事项	(1)动火作业时应持证上岗,配备灭火器,配备看火人。 (2)高空作业时应佩戴安全绳、安全帽。 (3)涂刷作业时应戴口罩、手套,防止溅落。 (4)机械加工时应专设加工区,并配备必要的防护罩。 (5)临时用电时应规范接线,防潮防水,定期检查线路等
应急处置	(1)出现摔伤磕伤等,应立即现场包扎处理后送医院治疗。 (2)触电应及时断电。 (3)如果防锈涂料溅入眼睛,应立即用大量清水清洗 15min 以上,并尽快就医。 (4)蒸气、气体等吸入后恶心,应安静休息并尽快就医。 (5)火灾时,应使用二氧化碳、泡沫或粉末灭火器等灭火。 (6)皮肤灼伤时,应用大量的水清洗,并尽快就医
成品保护	(1)拆改架子与上料时,严禁碰撞干挂石材饰面板。 (2)合理安排施工顺序。 (3)外饰面完工后,易破损部分的棱角处要钉护角保护。 (4)已完工的外挂石材应设专人看管。 (5)及时清擦干净残留在玻璃、门窗框、金属饰面板上的污物。 (6)室外刷罩面剂未干燥前,严禁下渣土与翻架子脚手板

　　室外干挂石材施工可以参考室内干挂石材施工及本书其他相关章节内容。因为石材干挂施工主要用于室外,因此干挂施工技能、石材幕墙的很多知识均是基于室外讲述的。为避免重复讲述,本书室外干挂石材施工技能不再单独讲述。

　　外墙干挂石材的安全要求和环境保护措施见表 5-37。

表 5-37　外墙干挂石材的安全要求和环境保护措施

名　　称	解　　说
一般规定与要求	(1)高处作业人员一般穿软底鞋。 (2)进入外墙干挂石材施工现场要正确佩戴安全帽。 (3)施工前,了解脚手架、电动吊篮等的安全交底。 (4)高处作业人员衣袖、裤脚要扎紧。 (5)高处作业要系好安全带,并且安全带要挂在上方的牢固可靠处。 (6)外墙干挂石材操作工等应经专业安全技术教育等方可上岗作业
电动吊篮安装、使用的规定与要求	(1)电动吊篮不得超负荷使用。 (2)电动吊篮升降过程应平稳、缓慢。 (3)电动吊篮投入使用后,应对其结构、传动机械、挂钩、安全绳、电源设备、钢丝绳、自锁器等部件专人每天检查与维护。 (4)电动吊篮下方严禁任何人员通过、逗留。 (5)电动吊篮每使用一个月至少应做一次全面技术检查。 (6)电动吊篮升降钢丝绳、自锁保护钢丝绳不得与物体的棱角直接接触,在棱角位置要垫以木板、半圆管、其他柔软物。 (7)电动吊篮悬吊系统必须经设计、负荷试验的检查、鉴定,合格后才可以使用。 (8)对拆迁、大修、新装、改变重要技术性能的电动吊篮,使用前均要根据说明书进行静负荷与动负荷试验等。 (9)钢丝绳在机械运动中不得与其他物体发生摩擦。 (10)如果电动吊篮必须超负荷时,必须经计算,并且采取有效安全措施报批准后才可以进行。 (11)钢丝绳严禁与任何带电体接触。 (12)钢丝绳要防止打结、扭曲等异常现象。 (13)未经有关部门同意,电动吊篮各部分的装置、机构不得变更与拆换。 (14)无关人员不得停留或通过电动吊篮工作区域内。 (15)作业人员的安全带要系挂在安全绳自锁器上,严禁将安全带挂在吊篮结构上

续表

名　　称	解　　说
高处、交叉作业的规定与要求	(1)必须进行交叉时,应掌握好施工范围、安全注意事项、各工序配合情况等。 (2)参加高处作业的人员均应进行体格检查。 (3)高处作业不得骑坐在栏杆上,也不得躺在走道板上、安全网内休息。 (4)施工中应尽量减少立体交叉作业。 (5)霜冻、雨雪天气进行露天高处作业时,应采取防滑措施。 (6)外墙干挂石材时,不得任意攀登高层构筑物。 (7)高处作业不得站在栏杆外工作,也不得凭借栏杆起吊物件。 (8)高处作业地点、走道、脚手架上、各层平台不得堆放超过允许载荷的物件。 (9)高处作业人员要携带工具袋,较大的工具应系保险绳。 (10)高处作业施工用料应随用随吊。 (11)高处作业时,点焊的物件不得移动。 (12)高处作业不得坐在平台、孔洞边缘。 (13)高处作业传递物品时,严禁抛掷。 (14)高处作业时,切割的工件、边角余料等要放置在牢靠的地方或者用铁丝扣牢以防坠落等措施。 (15)交叉作业场所的通道要保持畅通。 (16)孔洞盖板、栏杆、隔离层、安全网等安全防护设施严禁任意拆除。 (17)上下脚手架要走斜道或梯子,不得沿绳、脚手立杆或栏杆等攀爬。 (18)无法错开的垂直交叉作业,层间必须搭设严密、牢固的防护隔离设施。 (19)作业时,严禁乱动非工作范围内的设备、机具、安全设施等。 (20)有危险的出入口处要设围栏、悬挂警告牌。 (21)遇有六级及六级以上大风、恶劣气候,应停止露天高处作业

续表

名　　称	解　　说
脚手架搭设规定与要求	(1)不得手中拿物攀登脚手板。 (2)不得在梯子上传递材料与传递物品。 (3)脚手板一般应满铺，不得有空隙、探头板。 (4)脚手板与墙面的间距一般不得大于20cm。 (5)脚手架搭设过程要进行分段检查验收。 (6)搭拆施工脚手架要严格根据施工方案进行。 (7)荷重超过270kg/m² 的脚手架、形式特殊的脚手架应进行设计与审批后才可搭设。 (8)脚手板铺设不得用砖垫平。 (9)不得在梯子上运送材料。 (10)采用直立爬梯时，梯档要绑扎牢固，间距一般不大于30cm。 (11)脚手板铺设要平稳且绑牢，不平的地方要用木块垫平且钉牢。 (12)脚手架在主体首层应设水平安全网。 (13)里脚手的高度一般低于外墙20cm。 (14)脚手架的外侧、斜道、平台应一般设1.05m高的栏杆与18cm高的挡脚板或设防护立网。 (15)脚手架在首层以上的部位每隔两层应设一道安全网。 (16)在构筑物上搭设脚手架一般要验算构筑物的强度
施工用电、电气焊作业的规定与要求	(1)从事电、气焊，气割作业前，要清理作业周围的可燃物体，或者采取可靠的隔离措施。 (2)电动吊篮上挂设的电源线、焊把线要敷设尼龙绳，以防电源线、焊把线在使用过程造成损坏。 (3)对需要办理动火证的场所，应取得相应手续才可以动工，并且有专人监护。 (4)各种防火工具必须齐全并且随时可用，定期检查维修更换。 (5)移动式电动机械、手持电动工具的单相电源线必须使用三芯软橡胶电缆。 (6)移动式电动机械、手持电动工具的三相电源线必须使用四芯软橡胶电缆。 (7)移动式电动机械、手持电动工具接线时，缆线护套要穿进设备的接线盒内，并要固定好。 (8)在电焊作业时，必须配置看火人员

名　　称	解　　说
其他安全、规定与要求	（1）安装用的梯子要牢固可靠，不应缺档。梯子放置不宜过陡。 （2）不得在4级以上风力或大雨天气进行幕墙外侧检查、保养与维修作业。 （3）作业场所要配备齐全可靠的消防器材。 （4）检查、清洗、保养、维修幕墙时，所采用的机具设备必须安全可靠。 （5）外墙干挂石材要根据现场施工总平面布置要求放置，不得出现占用现场施工道路等不规范的情况。 （6）发现板材松动、破损时，要及时修补与更换。 （7）发现幕墙构件、连接件损坏，要及时更换。 （8）发现幕墙螺栓松动，要及时拧紧。 （9）注意防止密封材料在使用时产生溶剂中毒。 （10）作业场所不得存放易燃物品

5.3.4　敲击背栓的施工安装

敲击背栓干挂石材是由不锈钢锚栓、铝合金连接件、金属龙骨等组成，具有不需要胶黏剂、安装方便等特点。

安装敲击背栓时，背栓套与螺杆长度必须与要求的孔深、选择的挂件统一。安装时，放上背栓套，并且把螺杆插入背栓套，拧紧到底部。然后放上相匹配的挂件，使螺杆的紧固装置卡紧挂件，使之固定，再拧紧法兰螺母。最后把安装好背栓、挂件的板材挂到相应的龙骨上调整好。

　　环式敲击背栓可以采用敲击筒等工具来安装，如图 5-17
所示。

图 5-17　环式敲击背栓的安装

第6章

施工验收与问题处理

6.1 石材地面

6.1.1 石材地面铺装的施工验收

石材地面铺装的施工验收项目见表 6-1。

表 6-1　石材地面铺装的施工验收项目

项目分类	要　　　求
保证项目	(1)石材的品种、规格、颜色、图案符合要求,并且有产品合格证。 (2)石材无歪斜、缺棱掉角等现象。 (3)石材质量经质量鉴定部门检验合格。 (4)面层与基层安装牢固。 (5)石材铺装不得有空鼓、裂缝等缺陷
基本项目	(1)表面洁净平整、拼花正确、纹理清晰、颜色均匀一致。 (2)缝格均匀、板缝通顺、宽窄一致。 (3)整板套割吻合,边缘整齐平顺

石材地面的验收允许偏差见表 6-2。

表 6-2　石材地面的验收允许偏差

项　目	允许偏差/mm	方　法
板块间隙宽度	0.5	塞尺量检查
表面平整度	0.7	2m靠尺、楔形塞尺检查
缝格平直度	0.5	拉5m线或者拉通线、尺量检查
接缝高低偏差	0.5	直尺、塞尺检查

6.1.2　石材地面铺装问题的处理

石材地面铺装问题的处理见表 6-3。

表 6-3　石材地面铺装问题的处理

问　题	原　因	处　理
接缝不平、高低差过大	没有处理好基层;没有挑好材料;没有认真试拼;灌砂浆高度过高;施工不细心等	处理好基层;挑好材料;认真试拼;灌砂浆高度合适;施工细心
接缝高低不平、缝宽窄不均	石材本身厚薄宽窄不同;预先没有严格挑选,铺砌时没有严格拉通线	先严格挑选石材,剔出不合格的石材;铺贴标准块后应向两侧与后退方向顺序铺设,随时用水平尺、直尺找准;缝宽窄必须拉通线,不得超过允许偏差
尽端出现大小头	铺砌时未拉通线;不同操作者在同一行铺设时掌握板块间大小不一致	拉通线;操作时注意块间大小
空鼓	灌浆不饱满、不密实;石材震动过大;养护不够;混凝土垫层清理不净或浇水湿润不够;刷水泥素浆不均匀或刷完时间过长,已风干;石材板未浸水湿润	灌浆时注意砂浆的稠度不宜过稠或者过稀;施工时注意震动养护

续表

问　　题	原　　因	处　　理
墙边出现大小头	地面尺寸不方正;铺贴时没有准确掌握板缝;选料尺寸控制不够严格等	选料严格;掌握板缝等
颜色不一	石材存在色差	施工前应对石材进行认真挑选、试拼

6.2　圆弧形石材门套

6.2.1　圆弧形石材门套的施工验收项目

圆弧形石材门套的施工验收项目见表 6-4。

表 6-4　圆弧形石材门套的施工验收项目

项　　目	要　　求
保证项目	(1)大理石等材料的品种、颜色、规格、图案符合要求,符合施工规范规定。 (2)饰面板安装牢固,不得缺棱掉角,不得歪斜,不得有裂缝等。 (3)安装骨架符合设计要求,符合施工规范规定
基本项目	(1)表面应弧度圆润,洁净,平整,颜色协调一致。 (2)坡向正确。 (3)滴水线顺直。 (4)接缝填嵌密实平直、颜色一致、宽窄一致、阴阳角处板压向正确、非整板的使用部位适宜
成品保护	(1)石材打胶应在打蜡前进行。 (2)石材的成品保护应设专职人员

项 目	要 求
成品保护	(3)打胶时应避免在房间有灰尘时进行。 (4)堆放石材要整齐牢固,堆放位置要正确。 (5)石材的成品保护应制定成品保护制度并严格执行。 (6)石材堆放应避免来回搬运、雨淋。 (7)石材堆放要 75°立着堆放,下面用木方固定。 (8)石材应光面对光面放置。 (9)施工过程中垃圾应随时清理。 (10)施工完后,应做好警示牌、设置防护栏杆。 (11)运输石材时应小心,以免磕碰边角,必要时用地毯、软物等包住边角

6.2.2 圆弧形石材门套施工问题的处理

圆弧形石材门套施工问题的处理见表 6-5。

表 6-5 圆弧形石材门套施工问题的处理

项 目	可能原因	防治措施
板面纹理不顺、接缝不平、色泽不匀、弧度弯曲等	试拼不认真,检验不严格,预埋件弧度不均,施工不当等	(1)根据编号进行挂铺镶贴。 (2)骨架要牢固稳定。 (3)挂件调整准确。 (4)挂石材前应对门洞找好规矩,弹出中心线、水平通线、饰面控制线。 (5)先将缺边掉角、裂纹、局部污染变色的石材挑出修正、更换。 (6)进行试拼,对好颜色,调整花纹,理顺纹理。 (7)镶贴前先检查墙门洞的骨架的弧度,超过规定的必须整改。 (8)严格根据工序来施工

续表

项　　目	可能原因	防治措施
胶缝不直、打胶出现接头、厚度不够	没认真操作、操作方法不对、泡沫棒填得太浅等	(1)施工时打胶应一气呵成。 (2)打胶时应控制边缘的界限,并且保证胶边为一条直线。 (3)保证打胶厚度,恰当控制泡沫棒的嵌入度
开裂	石材本身材质差、存放不正确、存在薄弱的地方等	(1)施工前应对石材材质质量进行全面检查。 (2)严格按程序施工。 (3)注意钢骨架的牢固稳定
门洞碰损、门洞污染	石材搬运不妥、堆放不妥、没有及时清洗、没有进行成品保护等	(1)搬运时要注意,防止破损。 (2)浅色大理石不能用草绳、草帘等捆扎,若石材表面受到污染,不易擦洗掉。 (3)安装完成后采用木板、塑料布进行保护。 (4)安装完成后细小掉角处,可以采用环氧树脂胶清洗干净

6.3　大理石踢脚板

6.3.1　大理石踢脚板的施工验收基本项目

大理石踢脚板的施工验收基本项目如下。

（1）踢脚线出墙厚度适宜。

（2）大理石表面清洁、光亮光滑、周边顺直、色泽一致、图案清晰、接缝均匀、板块无裂。

（3）踢脚线接缝平整,结合牢固。

（4）踢脚线高度一致。

6.3.2 大理石踢脚板施工问题的处理

大理石踢脚板可能出现的问题是踢脚板不顺直，出墙面厚度不一致，其可能的原因如下。

（1）墙面平整度、垂直度不符合要求。

（2）镶贴踢脚板时没有吊线、没有拉水平线。

（3）墙面抹灰时，没留出踢脚板位置。

解决这种问题的方法是：镶贴踢脚板前，先检查墙面的垂直度、平整度。如果出现不允许偏差，则要处理后再镶贴。

6.4 其他石材

6.4.1 大理石、磨光花岗石饰面安装的允许偏差

大理石、磨光花岗石饰面安装的允许偏差见表 6-6。

表 6-6 大理石、磨光花岗石饰面安装的允许偏差

项 目	大理石允许偏差/mm	磨光花岗石允许偏差/mm	检查方法
表面平整度	1	1	用 2m 靠尺、楔形塞尺检查
接缝高低差	0.3	0.5	用钢板短尺、楔形塞尺检查
接缝宽度偏差	0.5	0.5	拉 5m 小线、尺量检查
接缝平直差	2	2	拉 5m 小线，不足 5m 拉通线、尺量检查
立面垂直(室内)差	2	2	用 2m 托线板、尺量检查

续表

项　　目	大理石允许偏差/mm	磨光花岗石允许偏差/mm	检查方法
立面垂直(室外)差	3	3	用 2m 托线板、尺量检查
墙裙上口平直偏差	2	2	拉 5m 小线,不足 5m 拉通线、尺量检查
阳角方正偏差	2	2	用 20cm 方尺、楔形塞尺检查

6.4.2　石材马赛克墙面的施工验收

石材马赛克墙面的施工验收项目见表 6-7。

表 6-7　石材马赛克墙面的施工验收项目

类　　别	要　　求
主控项目	(1)饰面砖的品种、图案、规格、颜色、性能等要符合要求。 (2)饰面砖粘贴工程的找平、防水、粘贴、勾缝材料与施工方法要符合要求。 (3)满粘法施工的饰面砖应无空鼓、无裂缝。 (4)饰面砖必须粘贴牢固
一般项目	(1)饰面砖表面要平整洁净、色泽一致、无裂痕、无缺损。 (2)阴阳角处搭接,非整砖使用部位要符合要求。 (3)饰面砖接缝要平直光滑、填嵌连续密实。 (4)有排水要求的部位要做滴水线。 (5)墙面突出周围的饰面砖应整砖套割吻合,边缘整齐。 (6)墙裙、贴脸凸出墙面的厚度要一致

石材马赛克墙面的验收允许偏差见表 6-8。

表 6-8 石材马赛克墙面的验收允许偏差

项　目	允许偏差/mm
表面平整度	3
接缝高低	0.5
接缝宽度	1
接缝直线度	2
立面垂直度	2

6.4.3　石材地面碎板拼贴的施工验收

石材地面碎板拼贴的施工验收项目见表 6-9。碎拼大理石表面平整度允许偏差为 3mm（用 2m 靠尺、楔形塞尺来检查）。

表 6-9 石材地面碎板拼贴的施工验收项目

类　别	验　收
保证项目	(1)大理石碎块的品种、规格、质量要符合要求。 (2)面层与基层的结合必须牢固
基本项目	(1)石材地面地漏坡度符合要求,不倒泛水,无积水。 (2)石材地面碎板拼贴符合要求与施工规范

6.4.4　石栏杆安装的允许偏差

石栏杆安装的允许偏差见表 6-10。

表 6-10　石栏杆安装的允许偏差

名　　称	项　目	粗料石允许偏差/mm	细料石允许偏差/mm	检查方法
花纹曲线	弧度吻合	1	0.5	样板、尺量检查
立柱	弯曲	±3	±2	拉线、尺量检查
	平整度	±5	±4	楔形塞尺、2m 直尺检查
	扭曲	±3	±5	拉线、尺量检查
	标高	±10	±5	水准仪、尺量检查
	垂直度	4	2	吊线、尺量检查
栏板、扶手	轴线位移	2	2	尺量检查
	榫卯接缝	3	1	尺量检查
	垂直度	2	1	尺量、吊线检查
	相邻两块高差	2	1	楔形塞尺、直尺检查

6.4.5　预制水磨石饰面板的施工验收

预制水磨石饰面板的施工允许偏差见表 6-11。

表 6-11　预制水磨石饰面板的施工允许偏差

项　　目	磨光水磨石允许偏差/mm	水磨石允许偏差/mm	检查方法
表面平整度	1	2	2m 靠尺和楔形塞尺检查
接缝高低	0.3	0.5	钢板短尺和楔形塞尺检查
接缝宽度	0.5	0.5	拉 5m 小线和尺量检查

续表

项　　目	磨光水磨石允许偏差/mm	水磨石允许偏差/mm	检查方法
接缝平直度	2	3	拉 5m 小线,不足 5m 拉通线和尺量检查
墙裙上口平直度	2	2	拉 5m 小线,不足 5m 拉通线和尺量检查
阳角方正	2	2	20cm 方尺和楔形塞尺检查
主面垂直度(室内)	2	2	2m 托线板检查
主面垂直度(室外)	3	3	2m 托线板检查

6.4.6　石材拼花的施工验收

石材拼花的施工验收要求如下。

（1）对角线、平行线要直,平行线、弧度弯角不能走位、尖角不能钝。

（2）石材拼花板面无裂痕。

（3）石材拼花的纹路基本相同。

（4）同一石种颜色不能有阴阳色。

（5）石材拼花包装时光面对光面,应标明安装走向指示编号。

（6）石材拼花的表面光泽度一般不低于 80。

（7）石材拼花的平面度误差一般小于 1mm,并且没有砂路。

（8）同一石种颜色一致,无明显色差、色斑、色线等缺陷。

（9）外围尺寸、缝隙、图案拼接位误差一般小于 1mm。

（10）粘接缝隙的色料、补石用的粘料颜色要与石料颜色相同。

6.5 石材幕墙

6.5.1 幕墙石材面板的外形尺寸允许偏差

幕墙石材面板的外形尺寸允许偏差见表 6-12。

表 6-12 幕墙石材面板外形尺寸允许偏差

项　　目	粗面板	亚光面、镜面板
长度、宽度/mm	±1	±1
对角线差/mm	±1.5	±1.5
平面度/mm	2	1
厚度/mm	+3; −1	+2; −1
方法	卡尺检测	卡尺检测

6.5.2 细面和镜面板材的正面质量要求

某工程每平方米细面和镜面板材的正面质量要求见表 6-13。

表 6-13　某工程每平方米细面和镜面板材的正面质量要求

项　　目	要　　求	检查方法
划伤、裂痕	宽度不超过 0.3mm，长度小于 100mm，不多于 2 条。 有的工程长度≤100mm 的轻微划伤允许≤8 条。 说明：宽度小于 0.1mm 的不计	钢尺检查
	裂痕、明显划伤和长度＞100mm 的轻微划伤是不允许的	观察法
擦伤	面积总和不超过 500mm²。 说明：面积小于 100mm² 的不计	钢尺检查

注：划伤就是石材花纹出现损坏。擦伤就是石材花纹出现模糊现象。

6.5.3　幕墙石材板材正面的外观要求

幕墙石材板材正面的外观要求（外观缺陷要求）示例见表 6-14。

表 6-14　幕墙石材板材正面的外观要求（外观缺陷要求）示例

项　　目	内　　容	质量要求
缺角	面积不超过 5mm×2mm，每块板允许个数。 说明：如果面积小于 2mm×2mm 不计。	1 个
缺棱	长度不超过 10mm，宽度不超过 1.2mm。周边每米长允许个数。 说明：如果长度小于 5mm 不计，宽度小于 1mm 也不计	1 个
色斑	面积不超过 20mm×30mm，每块板允许个数。 说明：面积小于 10mm×10mm 不计	1 个
色线	长度不超过两端顺延到板边总长的 1/10，每块板允许条数。 说明：长度小于 40mm 的不计	2 条

续表

项　　目	内　　容	质量要求
窝坑	粗面板正面出现窝坑的情况	不明显
裂纹	—	不允许

6.5.4　幕墙石材面板孔的加工尺寸与允许偏差

石材面板一般应在工厂加工完成。某工程幕墙石材面板孔加工尺寸与允许偏差见表 6-15。

表 6-15　某工程幕墙石材面板孔加工尺寸与允许偏差示例

石材面板固定形式	孔类型	孔径允许误差/mm	孔中心线到板边的距离/mm	孔底到板面保留厚度最小尺寸/mm	孔底到板面保留厚度偏差/mm	方　法
背栓式 M6	直孔	+0.4；−0.2	最小 50	8	−0.4；+0.1	卡尺、深度尺检测
背栓式 M6	扩孔	±0.3；软质石材 +1/−0.3	最小 50	8	−0.4；+0.1	卡尺、深度尺检测
背栓式 M8	直孔	+0.4；−0.2	最小 50	8	−0.4；+0.1	卡尺、深度尺检测
背栓式 M8	扩孔	±0.3；软质石材 +1/−0.3	最小 50	8	−0.4；+0.1	卡尺、深度尺检测

某工程幕墙石材面板短槽、通槽（短平槽、弧形短槽）、蝶形背卡槽的最小尺寸与允许偏差见表 6-16。

表 6-16　某工程幕墙石材面板短槽、短平槽、弧形短槽、蝶形背卡槽的最小尺寸与允许偏差

项　目	短槽/mm		通槽(短平槽、弧形短槽)/mm		蝶形背卡槽/mm		检查方法
	最小尺寸	允许偏差	最小尺寸	允许偏差	最小尺寸	允许偏差	
背卡两个斜槽底石材保留的宽度	—	—	—	—	13	±2	卡尺检测
背卡两个斜槽石材表面保留的宽度	—	—	—	—	31	±2	卡尺检测
槽宽度	7	±0.5	7	±0.5	3	±0.5	卡尺检测
槽任一端侧边到板内表面的距离	—	±1.5	—	±1.5	—	—	卡尺检测
槽任一端侧边到板外表面的距离	8	±0.5	8	±0.5	—	—	卡尺检测
槽深度(槽角度)	—	矢高/20	—	槽深/20	45°	+5°；0	卡尺、量角器检测
槽深度(有效长度内)	16	±1.5	16	±1.5	垂直10	+2；0	深度尺检测
槽外边到板端距离(蝶形背卡外槽到其平行板端边的距离)	不小于板材厚度与85,不大于180	±2	—	±2	50	±2	卡尺检测
槽有效长度(短平槽底处)	100	±2	—	±2	180	—	卡尺检测
两槽(短平槽中心线距离(背卡上下两组槽)	—	±2	—	±2	—	±2	卡尺检测
内边到板边的距离	—	±3	—	±3	—	—	卡尺检测

另外一工程石材槽口的加工尺寸和允许偏差见表 6-17。

表 6-17　另外一工程石材槽口的加工尺寸和允许偏差

项　　目	允许偏差/mm	方　　法
槽口壁厚尺寸	＜0.5	卡尺检测
槽口宽度尺寸	＜0.5	卡尺检测
槽口深度尺寸	＜0.5	卡尺检测

6.5.5　幕墙石材面板挂装系统安装允许偏差

某工程幕墙石材面板挂装系统安装允许偏差见表 6-18。

表 6-18　某工程幕墙石材面板挂装系统安装允许偏差

项　　目	短槽/mm	背卡/mm	背栓/mm	通槽长钩/mm	通槽短钩/mm	方　　法
背卡中心线与背卡槽中心线的偏差	—	≤1	—	—	—	卡尺检测
背栓挂(插)件中心线与孔中心线的偏差	—	—	≤1	—	—	卡尺检测
插件与插槽搭接深度的偏差	+1；0	—	—	—	+1；0	卡尺检测
短钩中心线与短槽中心线的偏差	≤2	—	—	—	≤2	卡尺检测
短钩中心线与托板中心线的偏差	≤2	—	—	—	≤2	卡尺检测

续表

项　目	短槽/ mm	背卡/ mm	背栓/ mm	通槽长钩/mm	通槽短钩/mm	方　法
钩锚入石材槽深度的偏差	+1；0	—	—	+1；0	+1；0	深度尺检测
挂钩（插槽）的标高	—	—	±1	—	—	卡尺检测
挂钩（插槽）中心线的偏差	—	—	≤2	—	—	钢直尺检测
挂钩与挂槽搭接深度的偏差	+1 0	—	—	—	+1；0	卡尺检测
石材外表面的平整度（相邻两板块高低差）	≤1	≤1	≤1	≤1	≤1	卡尺检测
通长钩距板两端的偏差	—	—	—	±1	—	卡尺检测
同一列石材边部垂直的偏差（长度＞35m）	≤3	≤3	≤3	≤3	≤3	卡尺检测
同一列石材边部垂直的偏差（长度≤35m）	≤2	≤2	≤2	≤2	≤2	卡尺检测
同一列石材边部垂直的偏差（相邻两板块）	≤1	≤1	≤1	≤1	≤1	卡尺检测
同一行石材上端水平的偏差（长度＞35m）	≤3	≤3	≤3	≤3	≤3	水平尺检测
同一行石材上端水平的偏差（长度≤35m）	≤2	≤2	≤2	≤2	≤2	水平尺检测
同一行石材上端水平的偏差（相邻两板块）	≤1	≤1	≤1	≤1	≤1	水平尺检测
托板（转接件）标高	±1	±1	—	±1	±1	卡尺检测
托板（转接件）前后高低差	≤1	≤1	—	≤1	≤1	卡尺检测

续表

项　　目	短槽/ mm	背卡/ mm	背栓/ mm	通槽长 钩/mm	通槽短 钩/mm	方　　法
托板(转接件)中心线偏差	≤2	≤2	—	≤2	≤2	卡尺检测
相邻两石材的缝宽(与设计值比)	±1	±1	±1	±1	±1	卡尺检测
相邻两托板(转接件)高低差	≤1	≤1	—	≤1	≤1	卡尺检测
左右两背卡中心线的偏差	—	≤3	—	—	—	卡尺检测

6.5.6　幕墙的竖向、横向板材安装允许偏差

某工程幕墙的竖向、横向板材安装允许偏差见表6-19。

表6-19　某工程幕墙的竖向、横向板材安装允许偏差

项　　目	允许偏差/mm	方　　法
缝宽度(跟设计值比较)	±2	卡尺检测
横缝直线度	≤2.5	2m靠尺、钢板尺检测
两相邻面板之间接缝高低差	≤1.0	深度尺检测
幕墙平面度	≤2.5	2m靠尺、钢板尺检测
竖缝及墙面垂直度 $30<H≤60$(幕墙高度 H,单位为m)	≤15	激光经纬仪、经纬仪检测
竖缝及墙面垂直度 $60<H≤90$(幕墙高度 H,单位为m)	≤20	激光经纬仪、经纬仪检测
竖缝及墙面垂直度 $H>90$(幕墙高度 H,单位为m)	≤25	激光经纬仪、经纬仪检测

续表

项　　目	允许偏差/mm	方　　法
竖缝及墙面垂直度 $H \leqslant 30$（幕墙高度 H，单位为 m）	$\leqslant 10$	激光经纬仪、经纬仪检测
竖缝直线度	$\leqslant 2.5$	2m 靠尺、钢板尺检测

另外一工程幕墙的竖向、横向板材安装允许偏差见表 6-20。

表 6-20　另外一工程幕墙的竖向、横向板材安装允许偏差

项　　目	尺寸范围/mm	允许偏差/mm	检查方法
分格对角线	对角线≤2000 时	≤3；	钢卷尺或伸缩缝
	对角线＞2000 时	≤3.5	
横向板材水平度	构件长≤2000 时	≤2；	水平仪、水平尺检测
	构件长＞2000 时	≤3	
两块相邻的石板、金属板	—	±1.5	靠尺检测
石板上连接托板水平夹角允许向下倾斜	—	0°；−2°	—
石材下连接托板水平夹角允许向上倾斜，不允许向下倾斜	—	+2.0°；0°	塞尺检测
竖向板材直线度		2.5	2m 靠尺钢板尺检测
相邻两横向板材间距尺寸	间距≤2000 时	±1.5；	钢卷尺检测
	间距＞2000 时	±2	
相邻两横向板材水平标高差	—	≤2	钢板尺、水平仪检测
相邻两竖向板材间距尺寸（固定端）	—	±2	钢卷尺检测

6.5.7　单元幕墙安装允许偏差

某工程单元幕墙安装允许偏差见表 6-21。

表 6-21　某工程单元幕墙安装允许偏差

项　　目	允许偏差/mm	检查方法
两组件对插件接缝搭接长度（跟设计值比较）	±1	卡尺检测
两组件对插件距槽底距离（跟设计值比较）	±1	卡尺检测
同层单元组件标高（宽度≤35m）	≤3	激光经纬仪、经纬仪检测
相邻两组件面板表面高低差	≤1	深度尺检测

6.5.8　幕墙立柱与横梁安装允许偏差

幕墙立柱与横梁安装允许偏差见表 6-22。

表 6-22　幕墙立柱与横梁安装允许偏差

项　　目	尺寸范围/mm	铝构件允许偏差/mm	钢构件允许偏差/mm	检查方法
分格对角线差	对角线长≤2000	2	3	伸缩尺检测
	对角线长＞2000	3	4	伸缩尺检测
横梁水平度	构件长≤2000	1.5	2.5	水平仪、水平尺检测
	构件长＞2000	2.5	3.5	水平仪、水平尺检测

续表

项　　目	尺寸范围/mm	铝构件允许偏差/mm	钢构件允许偏差/mm	检查方法
立柱垂直度	高度≤30m	8	8	经纬仪、激光仪检测
	30m<高度≤60m	12	12	经纬仪、激光仪检测
	60m<高度≤90m	15	15	经纬仪、激光仪检测
	高度>90m	20	20	经纬仪、激光仪检测
立柱的表面平面度	宽度>60m	≤10	≤10	激光仪检测
	40m<宽度≤60m	≤9	≤9	激光仪检测
	20m<宽度≤40m	≤7	≤7	激光仪检测
	宽度≤20m	≤5	≤5	激光仪检测
	相邻三立柱	<2	<2	激光仪检测
立柱直线度	—	2.0	3.5	2.0m靠尺检测
同高度内横梁的高度差	长度≤35m	≤5	≤5	水平仪检测
	长度>35m	≤7	≤7	水平仪检测
相邻横梁间距尺寸	间距≤2000	±1.2	±2.0	水平仪、水平尺检测
	间距>2000	±1.5	±2.5	水平仪、水平尺检测
相邻立柱间距尺寸（固定端）	—	±1.5	±2.5	钢卷尺检测
相邻两横梁的水平标高差	—	1	1.5	钢板尺、水平仪检测

6.5.9　幕墙的施工验收要求

幕墙检验的要求如下。

（1）幕墙异型材、异型板的加工要符合设计等有关要求。

（2）幕墙相邻转角板块的连接一般不应采用粘接方式。

（3）幕墙石板连接部位正、反两面，均不得出现暗裂、崩缺、窝坑等缺陷。

（4）幕墙石材面板安装到位后，横向构件不应发生明显的扭转变形。

（5）幕墙石材面板安装到位后，板块的支撑件或连接托板端头纵向位移不应大于 2mm。

（6）材料现场时的检验，应将同一厂家生产的同一型号、规格、批号的材料作为一个检验批。

（7）石材幕墙工程所使用的钢材，要现场进行长度、厚度、膜厚、表面质量等的检验，具体要求见表 6-23。

表 6-23　现场钢材的检验要求

项　　目	要　　求
一般项目	钢材表面质量的检验,可以在自然散射光条件下目测:钢材的截面不得有毛刺,不得有卷边;钢材的表面不得有裂纹、不得有结疤、不得有泛锈、不得有气泡、不得有夹杂、不得有折叠等现象
质量保证资料	(1)钢材的产品合格证。 (2)钢材的力学性能检验报告。 (3)石材板材有关质量保证资料
主控项目	(1)钢材厚度的检验,可以采用分辨率为 0.1mm 的金属测厚仪、精度为 0.05mm 的游标卡尺在钢材杆件同一截面的不同部位检测,并且检测点应不少于 5 个点且应取最小值。 (2)钢材保护膜厚的检验,可以采用分辨率为 0.5μm 的膜厚检测仪来检测,每个钢材杆件在同部位的检测点应不少于 5 个点,并且同一测点应测量 5 次,然后取平均值。 (3)钢材长度的检验,可以采用分度值为 1mm 的卷尺在两侧来检测,检测结果需要符合设计等要求

（8）石材幕墙工程所使用的石材应进行检验，具体要求见表 6-24。

表 6-24　石材幕墙工程所使用的石材检验要求

项　目	要　求
一般项目	（1）可以采用观察法、用分度值为 1mm 的钢尺对石材外观质量检验检查。 （2）石材表面应平整洁净无污染、颜色花纹协调一致、无明显修复痕迹。 （3）每平方米石材的表面质量要符合要求
质量保证资料	（1）石材强度检测报告。 （2）石材产品合格证
主控项目	（1）对石材的品种、性能、等级的检验。石材的抗折强度试验平均值应不小于 8.0MPa，吸水率应小于 0.8%。 （2）可以采用分度值为 1mm 的钢卷尺或精度为 0.02mm 的游标卡尺对石材安装孔位、槽位进行检验检查，并且检查结果要符合有关规定。 （3）可以采用分度值为 1mm 的钢卷尺或精度为 0.02mm 的游标卡尺或直角尺，对石材板的长度、宽度、厚度、直角检验检查，并且检查结果要符合设计要求。

（9）石材幕墙工程所使用的硅酮密封耐候胶检验，具体要求见表 6-25。

表 6-25　石材幕墙工程所使用的硅酮密封耐候胶的检验要求

项　目	要　求
一般项目	（1）目测硅酮密封耐候胶的质量；可以用胶枪挤出硅胶，正常应为细腻均匀的膏状或黏稠液体；颜色与样品无差异；应无气泡、无结皮、无凝胶。 （2）注胶表面的检验：注胶表面应光滑无裂缝，接口处厚度颜色应一致

项　　目	要　　求
质量保证资料	(1)使用年限质量保证书。 (2)相容性试验报告。 (3)黏结拉伸报告。 (4)产品合格证。 (5)商检证明。 (6)质量保证书
主控项目	(1)对硅酮密封胶的生产日期、有效期等进行检查。 (2)对硅酮密封胶的相容性实验报告、黏结伸拉试验报告进行检查,结果需要符合有关要求。 (3)可以采用精度为 0.05mm 的游标卡尺对胶缝宽度、厚度控制、密封胶黏结形式等进行检测量。 (4)可以采用观察检查、切割检查法检验胶面的平整度、光滑度、饱满密实程度等

（10）石材幕墙工程所使用的五金件与其他配件应进行检验，具体要求见表 6-26。

表 6-26　石材幕墙工程所使用的五金件与其他配件的检验要求

项　　目	要　　求
一般项目	可以采用目测方法对连接件、转接件外观进行检查:外观应平整无裂纹、无毛刺、无凹坑等缺陷。如果采用碳素钢材的,则其表面应为做热镀锌处理
质量保证资料	(1)镀锌工艺处理质量保证书。 (2)钢材产品合格证。 (3)连接件合格证。 (4)转接件合格证
主控项目	(1)可以采用精度为 0.05mm 的游标卡尺对转接件、连接件、构造的壁厚进行检测

续表

项　目	要　求
主控项目	（2）可以采用分度值为 1mm 的钢直尺对转接件、连接件、构造进行尺寸检测。 （3）可以采用观察法对石材幕墙中五金件进行外观检验，也可以采用磁铁测试材质来粗略判断。 （4）石材幕墙中采用的五金件、紧固件应采用不锈钢材或制品。如果采用其他钢材的，则应进行热浸镀锌或其他防腐处理。 （5）转接件、连接件的孔壁厚不得有负偏差。 （6）转接件、连接件的开孔长度不应小于开孔宽度 40mm。 （7）转接件、连接件的孔边距离不应小于开孔宽度的 1.5 倍

（11）锚栓应按总数的 5% 进行抽样检验，且每种锚栓不得少于 5 根。

（12）每幅幕墙应根据各类节点总数的 5% 进行抽样检验，且每类节点不应少于 3 个。

（13）对已经完成的幕墙金属框架，要进行验收与提供隐蔽工程验收记录。

（14）预埋件、节点等现场安装质量检验主控项目见表 6-27。

表 6-27　预埋件、节点等现场安装质量检验主控项目

项　目	检验方法	要　求
立柱的连接	（1）可以利用精度为 0.05mm 的游标卡尺、分度值为 1mm 的钢直尺来测量芯管长度、空隙。 （2）立柱处可以利用观察法来检查	（1）上下两立柱间隙不要小于 10mm。 （2）芯管材质、规格要符合要求。 （3）芯管插入上下立柱的长度不得小于 200mm

续表

项　目	检验方法	要　　　求
梁、柱连接节点的检验	（1）可以利用分度值为1mm的钢直尺、精度为0.02mm的塞尺来测量连接件、螺栓的规格。 （2）在梁、柱节点处可以利用观察、手动法来检查	（1）横梁、立柱为型钢时,梁柱连接可采用一面焊接,一面螺栓固定或两面螺栓固定形式,不得两面焊接。 （2）连接件、螺栓的规格、品种、数量要符合要求。 （3）梁、柱连接要采用螺栓连接牢固不松动。 （4）梁柱为铝合金材料时,其两端连接处要设弹性橡胶垫片。 （5）螺栓要有防松脱措施。 （6）与铝合金接触的螺钉与金属配件要为不锈钢或铝制品
锚栓的连接	（1）对锚栓进行锚固性能拉拔检测。 （2）可以利用观察法检查锚栓埋设的外观质量、埋设数量。 （3）可以用精度为0.05mm的深度尺来测量锚固深度	（1）锚栓的类型、数量、规格、布置位置、锚固深度要符合有关规定。 （2）锚栓的埋设要可靠牢固等要求
幕墙顶部、底部的连接	（1）可以采用分度值为1mm的钢直尺测量检查底部空隙宽度。 （2）可以通过手动与观察法来检查	（1）镀锌钢材的连接件不得与铝合金立柱直接接触。 （2）立柱、顶底部横梁幕墙板块与主体结构间应有伸缩。 （3）密封胶平顺严密、黏结牢固。 （4）女儿墙压顶坡度要正确。 （5）罩板安装安装牢固,不渗漏、无空隙

续表

项 目	检验方法	要 求
预埋件与幕墙的连接	(1)预埋件与幕墙连接节点处,进行观察、手动检查。 (2)可以用分度值为1mm的钢直尺进行检测	(1)绝缘片、连接件、紧固件的规格、数量要符合有关要求。 (2)连接件的可调节物要用螺栓连接牢固,且有防滑动措施。 (3)连接件与立柱要安装牢固,螺栓要有防脱落措施。 (4)连接件与预埋件间的位置偏差使用钢板或型钢焊接调整时,构造形式与焊缝要符合要求。 (5)预埋件、连接件表面防腐要完整

（15）主要构件与板材安装等项目的检验要求见表 6-28。

表 6-28　主要构件与板材安装等项目的检验要求

项 目	检验方法	要 求
预埋件安装质量的检验	(1)可以用分度值为1mm的钢直尺、钢卷尺测量预埋件的有关尺寸。 (2)可以用水平仪测量抽检部位的标高、水平位置。 (3)预埋件应与有关图纸核对,也可以打开连接部位进行检验	(1)幕墙预埋件的数量、埋设方法、防腐处理等要符合有关要求。 (2)预埋件的标高偏差不得大于±10mm。 (3)预埋件位置与设计位置的偏差不得大于±20mm
竖向、横向主要构件安装质量的检验	(1)可以用分度值为1mm的钢卷尺、钢直尺检测相邻立柱的距离偏差	(1)当一幅幕墙宽度>35m时,同层标高偏差不应大于7mm。 (2)当一幅幕墙宽度≤35m时,同层标高偏差不应大于5mm。 (3)同层立柱最大标高偏差不得大于5mm

续表

项　目	检验方法	要　　求
竖向、横向主要构件安装质量的检验	(2)可以用水平仪、钢直尺检测安装标高偏差	(4)相邻两横梁水平标高偏差不得大于1mm。 (5)相邻两立柱安装标高偏差不得大于3mm。 (6)相邻两立柱的距离偏差不得大于2mm。 (7)立柱安装标高偏差不得大于3mm。 (8)立柱安装轴线前后偏差不得大于2mm。 (9)立柱安装轴线左右偏差不得大于3mm
金属幕墙的防火、保温检验	(1)可以对照图纸,利用观察法来检查。 (2)可以采用分度值为1mm的钢卷尺、直尺来检查防火保温材料的厚度、搁板的厚度等	(1)防火、保温材料要安装牢固,铺设厚度一致,并应用射钉来固定。 (2)防火保温材料的等级、品种、铺设厚度要符合有关要求。 (3)防火节点构造要符合有关要求。 (4)搁板厚度有的要求不宜小于1.2mm
石材幕墙的防雷检验	(1)可以采用观察法、手动试验、分度值为1mm的钢卷尺、精度为0.05mm的游标卡尺等来检测分别对应的相关项。 (2)可以用接地电阻仪、兆欧表来测量检查幕墙整体框架自身连接导电通路等有关绝缘电阻值	(1)金属框架连接材料与框架接触面,必须牢靠可靠。 (2)主体防雷装置与框架连接一般采用电焊焊接或机械连接,并且接点要紧密可靠。 (3)金属框架自身导电回路的连接可采用电焊连接固定,也可以采用螺栓连接固定
石材幕墙板缝注胶的检验	(1)可以采用观察法检查板缝注胶的饱满、密实度、表面质量等。	(1)板缝施胶前,应采用二甲苯或异苯醇等溶剂清洁表面

项　目	检验方法	要　求
石材幕墙板缝注胶的检验	（2）可以采用切割检查、游标卡尺、直尺来检查胶缝注胶的宽度、厚度等	（2）板缝填充料要符合有关要求。 （3）注胶缝表面要饱满密实、宽度厚度均要符合有关要求
石材接缝外观的检验	可以采用观察法与尺量法来检查	（1）凹凸线出墙厚度要一致，上下口要平直。 （2）石材接缝要横平竖直，宽窄均匀。 （3）石材面板上洞口、槽边套割要吻合、边缘要整齐。 （4）石材阴阳角板边合缝顺直。 （5）石材阴阳角石板压向正确

6.6　室内干挂石材

6.6.1　室内干挂石材施工安装的允许偏差

室内干挂石材施工安装的允许偏差见表 6-29。

表 6-29　室内干挂石材施工安装的允许偏差

项　目	允许偏差/mm		检验方法
	光面≤	粗磨面≤	
表面平整	1	2	2m 靠尺、塞尺检测
接缝高低差	1	1	钢直尺、塞尺检测
接缝宽度	1		钢直尺检测

续表

项　　目	允许偏差/mm		检验方法
	光面≤	粗磨面≤	
接缝宽度偏差	1	2	尺量检测
接缝直线度	2	3	拉 5m 线(不足 5m 拉通线)、钢直尺检测
立面垂直	2	2	2m 托线板、尺量检测
墙裙、勒脚上口平直	2	3	拉 5m 线(不足 5m 拉通线)、钢直尺检测
阴阳角方正	2	3	20cm 方尺、塞尺、直角检测尺检测

6.6.2　室内干挂石材施工焊缝外观质量要求

室内干挂石材施工焊缝外观质量要求见表 6-30。

表 6-30　室内干挂石材施工焊缝外观质量要求

项　　目	允许偏差/mm
表面夹渣	深≤0.2t,长≤0.5t,且≤20
表面气孔	每 50 焊缝长度内允许直径≤0.4t,且≤3 的气孔 2 个,孔距≥6 倍孔径
电弧擦伤	允许存在个别电弧擦伤
根部收缩	≤0.2+0.04t,且≤2.0
弧坑裂纹	允许存在个别长度≤5 的弧坑裂纹
接头不良	每 1000 焊缝不应超过 1 处。缺口深度 0.1t,且≤1
缺陷类型	三级
未满焊	≤0.2+0.04t,且≤2。每 100 焊缝内缺陷总长≤25
咬边	≤0.1t 且≤1.0,长度不限

注:t 表示为连接处较薄的板厚。

6.6.3 柱面石材干挂饰面允许偏差

柱面石材干挂饰面允许偏差见表 6-31。

表 6-31 柱面石材干挂饰面允许偏差

项　目	大理石允许偏差/mm		花岗石允许偏差/mm		检查方法
	光面≤	粗磨面≤	光面≤	粗磨面≤	
表面平整	1	3	1	3	2m 靠尺、楔形塞尺检测
接缝高低	0.5	3	0.3	3	直尺、楔形塞尺检测
接缝宽度	0.5	1	0.5	1	直尺检测
接缝平直	2	4	2	4	5m 拉线、尺量检测
立面室内	2	3	2	3	2m 托线板检测
饰线平直	2	3	2	3	5m 拉线、尺量检测
阳角方正	2	4	2	4	方尺、楔形塞尺检测

6.7 石材病变与问题处理

6.7.1 石材病变与成因

石材病变包括化学病变、生物病变、物理病变，其中化学病变包括酸雨、溶蚀、锈蚀、白华等。物理病变包括应力、渗水、冻融等。生物病变包括地衣、苔藓、草木附生等。常见石材病变表现及成因见表 6-32。

表 6-32　常见石材病变表现及成因

病　变	表现及成因
白华	白华是石材表面或是填缝处有白色粉末析出的一种现象。简单地讲，白华就是返上来的碱性物质与空气中的二氧化碳、二氧化硫等物质发生反应，形成碳酸钙、次硫酸钙、硫酸钙等物质。白华有侵蚀作用
泛碱	泛碱是石材表面出现细丝状、粉末状、粒状、蜂窝状的白色结晶或颗粒
龟裂	龟裂是因自然力作用使石材风化、裂纹加大、脱离原黏结层掉下的一种现象
石灰剥蚀	石灰剥蚀是水泥砂浆中的石灰膏通过孔隙、砌缝、微裂纹挂在石材板面外形成白色的挂泪现象
水斑	水斑是石材表面湿润含水，使石材表面产生整体或部分暗沉的一种现象
苔藓植物破坏	苔藓植物破坏表现为石材变黑、变乌等现象
污斑	污斑一般是咖啡、酱油、茶、墨水长时间滞留在石材表面形成的
锈斑	锈斑是由石材中的铁质经氧化反应而形成的。水、铁质、氧是促成锈斑形成的三大要素。锈斑按反应层次不同分成深层锈斑、表层锈斑
锈黄	锈黄是原始材料本身含不稳定铁矿物发生的基础性锈黄，或者石材加工过程中处理不当引起的锈黄，再或者是石材安装后配件生锈引起的污染

6.7.2　石材问题的处理

常见石材问题的处理见表 6-33。

表 6-33 常见石材问题的处理

问　　题	原　　因	处　　理
大理石等天然石材裂缝的修补	（1）大理石饰面等天然石材因年久经受霜、雪、冰冻等侵袭，易形成饰面开裂，并且在色纹暗缝或其他隐伤等处产生不规则的裂缝。 （2）凿洞开槽不当损伤引起的。 （3）受到结构沉降压缩变形外力作用导致大理石墙面开裂。 （4）大理石安装在外墙面或紧贴潮气较大的房间时，安装时粗糙、板缝灌浆不严等。 （5）大理石板安装在墙面、柱面上时，上下缝隙留得少，在结构受压变形时使大理石饰面受到垂直方向的压力	（1）石材强化黏合剂系列是一种常见的石材修复材料。 （2）墙、柱面等承重结构安装大理石饰面时，应等结构沉降稳定后再进行安装。 （3）墙、柱面等承重结构安装大理石饰面时，顶部、底部安装大理石板块时，要留有一定的空隙。 （4）安装大理石的接缝一般不大于 1mm，嵌缝要严密，灌浆要饱满。 （5）单色石中有花纹，花纹恰在裂缝处，则除用胶搅拌粉末外，还应用色粉配成与花纹一致的颜色，嵌入缝中。 （6）大理石裂缝修补：将原大理石裂缝里的砂浆或其他杂物剔出；将与裂缝口颜色、花纹接近的云石用小锤砸碎；取适量透明大理石胶与打碎的云石颗粒或粉末搅匀，加入适量催干剂后搅匀，并且将搅匀的混合物均匀涂在裂缝口，涂后裂缝口以比大理石面略高 0.5mm 为宜；用角面抛光机安装 100 号树脂胶砂片，将干透的裂缝口稍磨平整，再安装 220 号树脂胶片细磨，然后用 360 号水砂纸磨光，再用角面磨光机安装布轮打磨且加蜡抛光，直至与原石光泽接近，再用钢丝棉蘸少量抛光蜡，直到光泽完全与原石相同

续表

问　题	原　因	处　理
大理石雕像小缺口等凹痕的修复	大理石雕像中出现小缺口、凹痕可能是石材本身或者外界破坏引起的	大理石雕像小缺口等凹痕的修复方法如下。 （1）先将小苏打或米粉用超级胶水混合，形成半透明的类似大理石的瞬间胶。 （2）添加一些与雕像颜色匹配的大理石粉末。 （3）放在小桶里，让其材料充分干燥。 （4）用塑料铲子把雕像的残缺部分填充整理好。 （5）用软布擦去多余的胶料。 （6）将大理石雕像需要填充的区域用高砂粒度的砂纸磨砂。 （7）最后用布清除表面残留物
大理石墙开裂的防治	镶贴部位不当、墙面上下空隙留得较小	（1）可以采用107胶白水泥浆掺色浆修补，其中色浆的颜色要尽量与修补的大理石表面接近。 （2）常见的修补方法有：楔固法、粘贴法等
接缝不平直、色泽不匀（柱面石材的干挂）	（1）基层处理不好，超出了挂件可调节的范围。 （2）旋紧螺栓时，在角码与连接板连接时发生了滑动。 （3）块料端面钻孔位置不准确，插入锚固销时引起两块料平面的错位。 （4）安装前没有对块材严格挑选	（1）安装前对基层复核，偏差较大的要剔凿、修补。 （2）旋紧挂件要力度合适，避免角码与连接板在旋紧时产生滑动或松动。 （3）块料厚薄有差异时，应以块料的外装饰面作为钻孔的基准面。 （4）块料安装前要挑选严格

续表

问　　题	原　　因	处　　理
路沿石出现倾斜现象	(1)路沿石埋深不够。 (2)路沿石支撑弱。 (3)路沿石背后、基础以下填土未夯实	(1)路沿石应有足够的埋置深度,施工要控制好深度。 (2)路沿石背后可以浇筑水泥混凝土支撑。 (3)路沿石背后、基础以下填土夯实
人造石表面上有气孔、麻面	可能是压制过程中空气没有被充分抽取而被封闭在石材里形成的	严格挑选用材
色斑的避免	人造石材的色斑是由原料没有充分搅拌或者搅拌机、模具不干净带入杂质造成的	充分把原料搅拌并且定期清理生产设备。对于石材用户而言,就是要严格挑选用材
石材的锈黄现象	铁配件生锈扩散到石材表面形成锈黄	(1)降低石材的含水率。 (2)安装前,对石材进行防护操作,预防水分侵入石板。 (3)清洗时,避免使用含酸性的清洁剂清洗石材。 (4)干式安装时,要慎选石材的不锈钢挂件。 (5)表面再装修时,避免使用易污染石材的材质、配件。装修后的石材切锯磨耗处,应再涂防护剂
石材地板空鼓现象	(1)地面没有清理干净,粘贴地砖的水泥砂浆不能与地面紧密地结合。 (2)水泥砂浆比例不对,沙子占的比例高,或者没有在砂浆里加胶黏剂	(1)铺贴前,把地面清理干净。 (2)水泥砂浆比例要恰当。或者在砂浆里加胶黏剂

问　题	原　因	处　理
石材地板空鼓现象	（3）水泥砂浆里加水的比例太高,水泥砂浆干燥过程中会逐步与地砖脱离。 （4）铺装地砖时,没有用力使用橡皮锤敲击地砖,使地砖与水泥砂浆结合紧密。 （5）地砖铺装完后,水泥砂浆没有干透地砖就被人践踏。 （6）施工时温度低于5℃,水泥砂浆没有完全硬化反应,导致水泥砂浆没有达到应有的强度	（3）铺装地砖时,要使用橡皮锤敲击地砖,使地砖与水泥砂浆结合紧密。 （4）地砖铺装完后,地面石材养护时间最好不要少于7d。养护期间要分时段洒水保证地面湿润,并且防止人员、推车经过。 （5）施工时,温度要高于5℃
石材地面铺设出现色差现象	（1）石材厂家切割石材引起的。 （2）现场工人施工时没有根据排版图编号施工。 （3）现场成品保护不力,导致地面遭水浸泡污染	（1）严格挑选用材。 （2）严格根据排版图编号施工。 （3）重视且落实现场成品保护
石材剪口现象	（1）石材在加工时因受机械设备、加工工艺、加工精度等原因,引起板材薄厚不均,施工应用造成剪口现象。 （2）石材搁置、运输途中,放置不合理,导致石板变形。 （3）铺贴施工中,在石材底料没有干的情况下便走动,或者施工不慎,造成剪口	（1）严格挑选用材。 （2）石材搁置、运输途中严格按照要求进行。 （3）根据施工方案进行铺贴

问　　题	原　　因	处　　理
石材幕墙受污染现象	(1)错误的排水方向。 (2)不合理的排水管设计。 (3)不合适的面材选择。 (4)不正确的保温材料安装。 (5)不合格的转接挂件。 (6)不合格的石材密封胶	严格挑选用材、正确设计、严格施工
石材亭子裂缝现象	长时间的自然破坏和人为破坏	石材亭子裂缝处理方法如下： (1)可以使用护壁、挡墙、大型的砌体、浇筑体来阻止裂缝的发展，同时进行修补。 (2)喷锚加固
针孔、砂眼现象	石材本身问题引起的	严格挑选用材

部分参考文献

［1］ GB/T 21086—2007 建筑幕墙.

［2］ GB/T 23261—2009 石材用建筑密封胶.